告别不安

自分に気づく心理学

发现自我、找回安全感的心理学

[日] 加藤谛三 著
吴倩 译

广西科学技术出版社

著作权合同登记号　桂图登字：20-2011-193号

图书在版编目（CIP）数据

告别不安：发现自我、找回安全感的心理学 / (日) 加藤谛三著；吴倩译. —南宁：广西科学技术出版社，2020.6
ISBN 978-7-5551-1355-3

Ⅰ. ①告… Ⅱ. ①加… ②吴… Ⅲ. ①安全心理学—通俗读物 Ⅳ. ①X911—49

中国版本图书馆CIP数据核字（2020）第049788号

GAOBIE BU'AN: FAXIAN ZIWO、ZHAOHUI ANQUANGAN DE XINLIXUE
告别不安：发现自我、找回安全感的心理学
[日]加藤谛三　著　　吴倩　译

策划编辑：冯　兰　　责任编辑：蒋　伟
助理编辑：田玫瑰　　责任审读：张桂宜
装帧设计：古涧文化・任熙　　封面插图：大　柴
责任校对：张思雯　　版权编辑：尹维娜
责任印制：高定军　　营销编辑：芦　岩　曹红宝

出 版 人：卢培钊　　出版发行：广西科学技术出版社
社　　址：广西南宁市东葛路66号　　邮政编码：530023
电　　话：010-58263266-804（北京）　　0771-5845660（南宁）
传　　真：0771-5878485（南宁）
网　　址：http://www.ygxm.cn　　在线阅读：http://www.ygxm.cn

经　　销：全国各地新华书店
印　　刷：北京中科印刷有限公司　　邮政编码：101118
地　　址：北京市通州区宋庄工业区1号楼101号
开　　本：880mm × 1240mm　1/32
字　　数：121千字　　印　　张：7.25
版　　次：2020年6月第1版　　印　　次：2020年6月第1次印刷
书　　号：ISBN 978-7-5551-1355-3
定　　价：45.00元

目录

Contents

Chapter.03

不安，是因为压抑了真实的自己

Chapter.04

烦躁，是因为迷失了人生的方向

Chapter.05

学会爱，学会被爱

Chapter.06

活得像自己一样

Chapter.07

一切从珍爱自己开始

编者序

揭开伪成熟的假面

你怎么理解成熟？淡定、从容、自信、宠辱不惊？按心理学家的说法，拥有这些“成熟”特质的人，是拥有实际安全感的人，即拥有极高水平的自我认同，具备一套完善的自我调适系统的人。他们无惧别人的眼光，有自己独立的世界观、人生观和价值观，并依此行事，且不会因自己与周围人不同而轻易地怀疑自己。他们有自己的原则和坚持，会尽自己的力量去尝试、争取想要的事物。这样的人，即便多数会显得十分另类，甚至在常规意义上来说不够社会化，但他们的内心是有力量的，比如乐坛大咖王菲、音乐鬼才华晨宇，特立独行的作家王小波，“孔雀女王”杨丽萍……无论他们的言行有时看起来多么不合常理，他们都是核心自我非常强大的人——他们内在有支撑着自己的安全感，非常自信，明白自己想要什么；当得起赞美，也经得住非议。

真正的成熟，并非一个表面的社会形象标签，而是直指一个人的内心，它与一个人的内在有多少力量有关。真正成熟的人，不会轻易气急败坏，不会人云亦云，不会刻意讨好和迁就。他们有较高的自我价值感，对背离自己三观的事不轻易妥协。

可能你要说，那要做个成熟的大人好难哪，怎么做到在与多数人思想或观点不同时还那么理直气壮呢？感觉别人多说两句自己都特别恐慌，觉得自己是不是做错了，我要怎么才能肯定自己，才能治愈这种不安呢？

你是不安的大人吗

欢迎来到成人的世界。进入茫茫社会领域，意味着面对诸多现实问题。工作、恋爱、房子、家庭、孩子……在诸多生存现实面前，你就像是拧紧发条的机器，被焦虑驱赶着不停前进。你不敢停下来，因为你总在不安。你想做个成熟的大人，承担人生的种种，可是却无法回避内心那个真实的自己的疲惫、压抑和愤怒。你感觉人生就像一张大网，让人透不过气。

加藤谛三博士说：做大人，确实很难。

难在哪儿？

难，就难在你必须按照别人的要求去生活，和众人保持一致，才能获得社会的认同。这样的你被称赞“长大了，成熟了”，这样的称赞让你获得了一时的安全感。然而，这种别人眼里的成熟，真的是属于你的成熟吗？这种安全感，就是你需要的安全感吗？

不，这种成熟只是表面上的成熟。在遭遇压力时，你会不会变得灰心沮丧或就此一蹶不振？是不是觉得自己会立刻退化成一个无能为力、不知所措的小家伙？

其实，这个“小家伙”是我们每个人的心底都存在的孩子，“他”行为乖张、任性自我，却展现着你最纯真也最真实的个性。倾听“他”的声音，牵着“他”一起向前走，你会更加坚强，无所畏惧。可惜的是，绝大多数时候我们根本看不到“他”，听不见“他”的苦恼，甚至刻意忽略“他”的存在。这时候那个常理中成熟的“我”和心底深处那个天真的“他”的矛盾迅速激化，很多人因此到了崩溃的边缘。

撒娇欲——安全感的真实来源

加藤谛三博士向我们列举了成人和儿童各种各样的反应来讲述成熟的“我”和天真的“他”。

一个小孩，看见一扇很好看的门关着，就会对自己说，我要过去把门打开，说完立刻跑过去。可跑到跟前，门却突然被大人打开了，小孩愣了。他会想：“为什么不让我来开门！”他很生气，继而发脾气，哭闹。很无厘头吧？但这就是孩子，可以堂而皇之地表达各种各样的小情绪。

而你那40多岁、威严稳重的顶头上司，上班前很认真地换了一件名贵的粉色衬衫，他很希望被别人发现并且得到赞美。结果呢，没人注意到他今天穿得“很有意思”，甚至有好友说“你这个年纪穿这个合适吗”。出于大人的理性，他知道劝他的人出于好意，而这个事情其实也没什么大不了（更不能因此发脾气）……然而，他一天里把下属们拉来开了三次会，挑各种毛病，大家怨声载道，他自己还不知道是因为什么。这就是大人认为自己控制住了小情绪的实际结果。

加藤博士认为，大人和小孩想要撒娇的心情是一样的，只是他们采取了不一样的处理方式。如果不能发现内在的情绪，“成熟”的大人面对问题时采取的常常是看似合理其实幼稚、失败的做法。

这本书提到，人只有拥有一个不会被任何人窥视、专属于自己的世界，才会获得真正的安全感。通过营造这样的世界，把内心的孩子小心藏放，认真听他的声音，才能合理地实现他的意愿。遗憾的是，很多人并没有建立起这个专属世界，他们更多时候是活在别人的制度里、控制下，成熟的表象背后是内心需求的无从表达，活得无比压抑。

此外，本书还从各个角度分析了现代人的心理，教你学会分析自己和他人的心理模式，比如分辨亲子、恋人之间到底是共生的依赖关系还是持久真实的爱，还比如——

为什么不会撒娇的孩子，多数会成长为过度认真的成年人？ 让什么样的人加入你的生活是绝对错误的？

为什么有的母亲一味牺牲付出，但其实她只做那些能得到别人夸奖的事？

为什么依赖模式的恋人，分手必然反目成仇；而真实深爱的男女，分开后往往无怨无悔？

为什么控制型父母养大的孩子，对拥有自己的世界抱有罪恶感？

Chapter.01

你怎么就成了过分认真的大人

人若是为了生存而不得不去讨好保护者，撒娇欲就无法得到满足。

幼年时不需要察言观色的人是幸福的。这些幸福地度过童年时光的人，才能够达到情绪上的成熟。

没有安全感的人没办法撒娇。只要还有一丝被抛弃的不安感存在，人就不可能撒娇。那些特别乖巧的、常常帮大人干活的“好孩子”，总有一种可能会被抛弃的不安全感，或者总在害怕自己的保护者心情不佳。无论是玩的时候，给大人帮忙的时候，还是吃饭的时候，他们总在担惊受怕。

一直无法对人撒娇的孩子，多数会成长为过分认真的大人，认为唯有处处认真，他人才可能喜欢自己。这些过于认真的成年人，即便有时想要撒撒娇，也没办法表现出来。他们往往是客客气气，对人敬而远之。

究其原因，就是我刚才所说的，过于认真的人没有安全感。他们对于人际关系没有安全感。他们心理上的依赖感很强，对他们来说，得到周围人的好感是非常必要的。而从小培养起来的认知告诉他们，如果撒娇的话，他人对自己的好感就会消失，因此也就没办法撒娇。

一般而言，当一个人确定某人不会抛弃自己，有安全感的时候，就会对那个人撒娇。不过，过于认真的人却认为撒娇这件事很不像话、很丢脸。他们越是不想被对方抛弃，就越会避免撒娇。

他们认为：在欲望与规则的对立当中，欲望是坏的，是不像话的，是下作的，必须压抑；而规则是好的，是高尚的，所以要按照规则办事。**过分认真的人之所以会去遵守规则，就是因为想得到他人的好感。**然而，这正是他们的悲哀之处。

这些过分认真的人总是遵守规则，对人客客气气。这确实会赢得别人的好感。可说到底，这也只不过是浅层的交往关系而已。永远像这样不表现出自己的本质，就不可能实现深层次的交流。即使通过表面化的交往而被信任、被喜欢，那也不过是极其浅层次的，是通过处理一般事务而建立起来的信任关系而已，自己并不会真正地作为一个人、一个不可替代的人而被信任。

说得尖刻点，拿男女关系来打比方的话，这种信任和喜欢，也就是对随便玩玩的对象的那种图方便的信任和喜欢而已，并不是真心的信任和喜欢，并不会有“我和这个人不是玩玩而已，我是认真的”的想法。

不管再怎么禁止自己撒娇，不管再怎么一本正经、规规矩矩，能得到的也不过是萍水之交的信任而已。让对方产生“想要和他结婚”“想要和他共度此生”的念头的，可不是一本正经的态度。

同性之间的交往也是如此，所谓的喜欢是仅限于特定情境的喜欢，所谓的信赖也是仅限于特定情境的信赖。当然了，如果是仅限于某种情境的喜欢与信赖，遵守规则的行为确实是最安全的。只不过那样的话，即便是经过了多年，彼此间也不能变成铁哥们儿的关系。

虽然撒娇的欲望很强烈，却禁止自己撒娇，硬要一本正经地生活，这样的人缺少作为人的魅力，不会有人无法抑制地被他们吸引。无论是同性还是异性，对方总有一天会和他们分道扬镳。

能够给自己的人生带来意义的人，能够让自己反思以往的生存方式的人，能够让自己的见解发生转变的人，能够为

自己的人生开启新的篇章的人——这些都不可能是过分认真的人。

撒娇欲得到满足的人不会过分顾虑其他人的看法，他们也具有作为人的魅力。这种魅力，能够让对方得到确定感。也可以说，这个人的存在本身就能给别人带来人生的意义。

那些在心灵深处渴望撒娇，却对谁都没办法撒娇的人，是最成问题的。虽然这种人表面上被所有人信赖，但谁都不会发自内心地信赖他。

那些对外人特别好的人，其实并不能在外人面前表现出撒娇欲。而那些对家里人特别坏的人也是一样。即便在家人面前，他们也绝对不会表现自己的撒娇欲。之所以会在家里摆张臭脸，是因为他们在家里更容易被内心的撒娇欲影响。和外人相比，家人更让自己有安全感。不过，这种安全感说到底也只是“和外人相比”而已，并不是发自内心的真正的安心。

尽管并非真正的安心，但相对来说心理的防御减少了，也更容易意识到自己的撒娇欲。然而这种渴望却无法直接表现出来。和与外人相处时相比，他们会因欲望没有得到满足而感受到更多的失落，更多的无趣，以及更多的不满。

他们始终无法坦率地表现自己的撒娇欲，于是，或是仗着一些歪理大发雷霆，或是戴上正义的假面责备家人，或是无可奈何地在家庭中保持沉默。

为什么你总觉得在被他人责备

对撒娇欲的压抑，会形成抑郁症式的性格。一种渴望被压制，结果是将这种情感投射[1]到他人身上。换句话说，他人明明没有对你做任何要求，没有期待什么，没有责备你，你却感觉到自己在被要求、被期待、被责备。

其实撒娇本身就是一种要求，要求别人这样做或那样做，本质是希望别人能为自己做些什么。如果对方没有按照自己的要求去做，就不免会责怪对方。希望对方总能按照自己的期待行事，这就是所谓的“撒娇”。

这种对“撒娇”的渴望——撒娇欲，却被认为是坏的东西而被压抑了。按照荣格的说法，被压抑的东西总会被投射出来。也就是说，人会在他人身上看到自己被压抑的那

---

① 投射(projection)，心理防御机制的一种，指一个人不自觉地将自身的思维、动机、欲望、情感加诸外部世界，通常是其他人。——译者注，下同

些部分。

实际上明明是自己在对他人撒娇，却觉得别人在对自己撒娇；自己在内心深处责怪他人，却感到在被他人责怪；甚至迫使自己依照在他人身上看到的“他人”的撒娇欲行事。结果是因得不到渴望的东西而产生强烈的欲求不满。这种不满会化为敌意。人也会因不满变得具有攻击性，然而这种攻击性同样会被压抑，无法表达出来。

无论是撒娇欲、欲求不满还是攻击性，这一连串的感情都没办法表达出来。正是因为要压抑这种敌意，才无法和他人产生共鸣。日常生活中发生什么事的时候，也没办法和别人体会到同样的情感，比如不会和别人一起说“啊，太好啦”，或是“哎呀，太遗憾了”。

日常生活中，别人只是单纯说出事实，可很多人却理解为是对自己的攻击。

在夫妇和恋人间也常常会出现这样的现象。男性常常会因为“你怎么老是发牢骚”而发火，然而女性却完全没有发牢骚的意思。

“这个东西要是再这么一点的话，用起来就更方便了。”“那个人拿着的那个东西看起来倒是挺不错的。”只是像这样单纯地描述事实，或单纯地表达自己的希望，男性却把这些都理解为发牢骚了。

明明只是无关痛痒的闲聊，却理解成对自己的攻击，觉得“我明明都已经这么努力了，你怎么还……”，甚至发起怒来。

这种被压抑的敌意一旦戴上正义的假面登场，人就会非常执拗，一直纠缠着对方不放，指责不休。

为什么你觉得他人对自己不满

在我给家庭主妇做心理咨询的时候，她们常常会谈到丈夫的这种执拗。

“我们家那口子啊，我都不知道他到底为什么生气，而且一生起气来就唠叨个没完，一直骂我到夜里两三点。真跟神经病似的。”

此时妻子只是单纯地想说明一个事实，可能是“这张桌子坏了”之类的小事，也可能只是报告“今天早上车子引擎有点毛病”，然而做丈夫的却把这些理解为对自己的不满。

她们对丈夫根本没什么不满，丈夫却觉得妻子是对自己不满。也许应该这么说：他们在妻子的身上看到了对自己的不满。

问题就出在这里。尽管在对方身上看到了对自己的不满，实际上这种所谓的不满往往并非真实存在。那是自己压抑住的对对方的不满，被投射到了对方身上。因此，他们才会认为，对方是因为对自己不满才说出那样的话的。

在外人面前很温柔的丈夫更是常常会这样。让妻子叫苦不迭的也正是这一点，她们常常叹息道："对隔壁家的夫人，对公司里的人，他总是和气得不得了哇！"这也是这类男性想要对身边的人撒娇的一种证据，只是这种撒娇欲被压抑了。其实，**你觉得对自己有所不满的人，正是自己打心底里想要对他撒娇的人。**

一旦撒娇欲被压抑，随后出现的针对对方的攻击性也同样会被压抑，这就让撒娇本身变得越来越难了。那些相处得不好却又无法分手的夫妻，很多都会陷入这样的恶性循环。

一个人如果没有成功地从亲子关系中独立出来，恋爱也就无法顺利进行，这里也存在着我刚刚所说的那种恶性循环。幼年时的撒娇欲，原本是应该在亲子关系中得到满足的。然而处于不幸的亲子关系中的人，即使到了二十岁、四十岁、六十岁，甚至到了八十岁，这种对撒娇的渴望仍然留在内心深处。而且即使到了二十岁、四十岁、六十岁，甚至到了八十岁，也仍然无法直率表达这种幼儿般的欲望。

到了三十岁，结了婚，成为一个独立的社会人，进入职场，这样的男性显然不好意思直接表达幼儿般的欲望。**渴望撒娇**

的强度有多大，这种抗拒欲望表达的强度就有多大。这种欲望会间接地表达出来，戴上正义、道德这些被社会接纳的假面具登场。这对他们身边的人来说是难以忍受的。

如果你感觉到身边的人“总是发牢骚”的话，恐怕要先反省一下，那是不是自己内心的问题，自己是不是压抑了对那个人撒娇的欲望。

你其实暗自希望，现在的家人也像小时候妈妈对待你那样与你相处，但那又会让你觉得很丢脸；即便如此，你心底还是有着那样的渴望。在人的内心深处，有着自己不敢正视的渴望。

撒娇的渴望如果在小时候得到满足，人一点也不会感到难为情，能够坦率地接受。但是到了一定的年龄，撒娇的欲望被满足这件事本身就会让人觉得很丢脸。

如此一来，虽然很希望身边的人“这样”对待自己，同时却又无法容许别人“这样”对待自己，自然需要间接地寻求这种欲望的满足。于是就制造歪理，找碴儿，拿出理想或者正义等借口，为自己的所作所为辩护。

过分在意规则让生活越发艰难

过分在意规则的人也是一样。对他们而言，失去了的“活着”的确定感，必须通过规则来获得。他们会越来越过分地在意规则，无论处理任何事情都要“必须怎样怎样”，做事缺乏弹性。

不管是对人对己都无法宽容以待，太强的规则意识让这种人苦恼不堪。他们的自我分裂成了两个部分——被认可的自我和不被认可的自我，自己却无法认识到这一点。

罗洛·梅也认为，强迫性的、严苛的道德主义是存在感缺乏的结果：“…compulsive and rigid moralism arises in given persons precisely as the result of a lack of a sense of being.”

这就是无法享受生活的人的想法。即便是散步，也总有一种不应该做这种事的感觉，无法享受散步的惬意。他们也没法一个人闲坐在长椅上享受春风拂面，不可能像正常人一样因这种悠闲舒畅的心情而感到满足。他们总是莫名地有一种不应该这么做的感觉，为此而心焦。

这是因为对于他们来说，春风拂面的感受并不能证明自己的存在。而对于没有分裂成被认可的自我和不被认可的自我两部分的人来说，春风拂面本身就足够使自己满足了，除此之外，什么都不需要。

这种让生存本身都变得艰难的太过强烈的规则意识，皆源于因缺乏存在感而出现的补偿作用。因太强的规则意识而艰难地生存的人们，如果能够拨开迷思，直视自己的内心的话，说不定会发现，自己的存在就是由撒娇欲本身构成的。也许，他们的身体的每一个犄角旮旯，都已经被“想撒娇”这种欲望占据了。

可惜他们却绝不可能发现这一切，他们只会觉得生存是一件非常艰辛，甚至艰辛到无计可施的事。对他们来说，并不是工作本身很辛苦，或是吃的东西不合胃口，而纯粹是感觉生存本身就很艰辛。所以，哪怕只是坐着不动，也会觉得非常痛苦。

生存之所以会变得如此艰难，是因为他们基本上已经把真实存在的自我排除于意识之外了，他们只将余下的那很小

一部分的真实存在的自我，当成了全部的自我。

不论自己是在吃东西还是在行走，或是单纯只是站着，这些绝大部分的“自己”都被当成不被承认的存在，认定自己没有这些部分。也就是说，在吃东西的自己、在行走的自己都被当作“和自己无关”了，那么这些重要的经验当然就不会被体验到了，人也当然就不会因为这些经验而感到满足。

自信的人不会像这样分裂。所谓自信，绝对不会是因为他人的评价而产生的。反过来说，不管他人对自己有多么高的评价，内心分裂的人也是不可能有自信的。

所以说，即便是别人对自己的评价并没有多高，有些人仍然能够享受生活，一直保持心境的平和。这些总是心平气和的人，就是满足了撒娇欲，没有把不被允许的那部分自我从自己的意识当中排除出去的人。这样的人所意识到的自我，才是和现实中真实的自我最接近的自我。因此他们也用不着那么强烈地，总是需要意识到自己的存在了。而越是分裂的人、无意识领域过大的人，就越是必须确认自己所做的每一件事情。

倦怠是人生最危险的征兆

无聊的时候被允许感到无聊，人是能够得救的。

虽然感到无聊，但这感受与你最重要的人的期待不符，就觉得不能感到无聊，甚至害怕感到无聊，害怕得要死。尽管如此害怕，这种恐惧感却也是被禁止的。作为人的基本感受几乎都是被禁止的。

实际上感到无聊，简直无聊透顶，但因为害怕，在意识层面上，告诉自己要感到很开心，很有意思。

实际所感受到的内容与有意识要求自己具有的感受如此背道而驰的话，人的内心世界必然会崩塌。普通人看到这些人的时候，都会觉得“好累啊”。

这些人总是战战兢兢的，他们内心的恐惧多少会被他人发现。因此，就算他们的决定是对的，别人也很难和他们一起行动。

在重要的人面前，他们总会牺牲真实的自己，扮演对方所期待的那种出色的人。即便自己在肉体上、经济上已经不需要对方的保护了，他们仍会继续扮演那种“被爱着的自己”。他们在心理上，没有对方的支持就活不下去。

总在扮演“被爱着的出色的自己”的人，不单单感觉不到恐惧，似乎也感觉不到寂寞。实际上，这些必须按照别人的期待去感受世界的人，内心深处都寂寞得不得了。

不允许孩子自然地去感受的父母，既不理解孩子，也不爱孩子，无法与孩子进行心与心的交流。

和任何人都无法达成心灵的交流，孩子会在内心深处发出寂寞的悲鸣——好寂寞，好寂寞，寂寞得不得了，寂寞到身体都出现问题。然而，感到寂寞的自己却与父母的期待不符。孩子会禁止自己感到寂寞，进而按照父母所期待的方式去感受。他们会觉得自己“不应该”寂寞，因为有这么“和蔼亲切的人”围绕在自己身边，是多么幸福啊！这世上再没有如此温暖的父母了，这世上再没有如此亲切的人了！

不管有多寂寞，如果这种感受能被允许的话，总能想出点对策来的吧。按照自己的方式，思考该怎么做才好。不管有多寂寞，只要能感觉到这种寂寞，就算人生是悲剧也能活得下去，也能得到悲剧式的救赎。

明明寂寞却不被允许感到寂寞的人，是没办法得救的。他们到最后会对人生本身失去兴趣，对任何事物都丧失兴趣。他们所拥有的唯一感觉就是“倦怠”。到了最后，就连恐惧都无法影响他们，他们的能量已经消耗殆尽，只剩下“倦怠”而已。

如果你想检验一下自己是否已经不能自然、真实地去感受，不妨考虑一下，自己在多大程度上对事物失掉了兴趣，在多大程度上“倦怠”得不得了。

不管真实的感情是高兴也好，是悲伤也罢；是觉得有趣也好，是觉得无聊也罢；不管是欣喜还是寂寞，这些都无法影响自己。全部的人生都只由恐惧感推动，这样的人，总有一天能量会用光。

能量用光之后，就连恐惧都没有办法再来影响他们了。或者倒不如说是他们已经被折磨得连恐惧都感觉不到了。无精打采，倦怠无力，只是肉体还会呼吸，行尸走肉般地活着。如此，人生也就完蛋了。

压抑是自找的

有这样一种人，尽管周围的人没有禁止他做任何事，他还是会胡思乱想，觉得自己被束缚了。

比如说这是人生中最普通的某一天。到底是要怎样度过这一天，去吃东西，去工作，去睡觉，去钓鱼，或者去学习，别人都不会多加干涉，他只要去做自己想做的事就好了。可他却不会去做自己想做的事情，而会做那些让周围的人高兴的事。

他人原本完全没有期待他做什么，只是他自以为被期待了，才会那样行动。如果说他人对他有所期待的话，那就是希望他能随心所欲地做自己想做的事。然而他却觉得周围的人期待自己能很勤勉，并努力去满足这种所谓的期待，以博得他人的欢心。

这样一来，他不会去做自己想做的事；而不做自己想做的事，自然会引发不满。他就是这样随意地误解了他人的期待，随意地变得不满。不满越积越多，甚至会发展成憎恨及敌意。

憎恨会被压抑，但被压抑的憎恨最终会投射出来，让他觉得身边的人都对自己抱有恶意。而他想要避开这些恶意，会越发努力地去满足他人的“期待”。我只能说，这种努力从一开始就搞错了目标。**因为所谓“期待”，原本就已经被误解了。**

此外还有一种更根本性的误解，那就是为了让他人喜欢自己，非得特地为他人做些什么。他根本无法想象，即使什么也不为别人做，别人一样会喜欢自己。他就这样随意地误会自己在被期待着，随意地认定如果自己不能满足这种期待的话，会被认为很没用。

实际情况又如何呢？既没有人对他有这样的期待，也不会有人因为他无法满足那种所谓的期待就觉得他是没用的。

“如果做不好这件事就是没用的人”，这么想的并不是其他任何人，只是他自己，他却径自认定他人也有和自己一样的想法。

如果一个人在小时候没有得到身边的人的理解，成人后也往往会以“不能被理解”为前提来思考事情。正因为这样，他才会刻意要求自己。也正因为这样，他才会有诸多借口——自己是不可能被理解的，所以必须制造出许多理由来为自己辩解。

小时候周围的人对自己有所期待，那么长大成人了，周围的人也一样对自己有所期待。这种想法是错误的。只要能意识到这一点，不知道有多少人会得到救赎呢。

小事也伤人

同一件事情，对不同的人而言意义可能完全不同。人们如果能体味到这一点，不知道能避开多少人际关系中的纷扰。就像夫妻间、恋人间会出现各种各样的争吵，双方往往都大惑不解：对方为何如此愤怒？过不了多久，两人会感到厌烦、疲倦，连试图去理解对方、渴望得到对方理解这样的想法都消失殆尽，彼此封闭在各自的情绪当中。

“这张桌子好像有点不稳，老是嘎啦啦地响。”

“这个盘子太小了。”

“这辆车颜色也太艳了。”

“那辆车更大。”

“这个手续太麻烦。”

“那个人声音太大。”

“这房子离大马路太近了。”

“这房间的光照不好。”

……

不管是什么事，不管是多琐碎的事，这些日常生活中原本无关紧要的各种“事情”，对不同的人来说意义完全不同。

一件事，对有些人来讲根本不算什么；可对另外一些人来说，就是让自己的病态的自尊心受到伤害的严酷事件。

一件事，对有些人来讲就连自己是否说起过都不记得，是无关紧要的芝麻小事；然而对于其他人来说，这件芝麻小事却如同一把利刃径直插入火热的胸膛，给自己造成了难以承受的伤害。

需要特别注意的是，这件事情是由谁说出来的也非常重要。我常常会给别人的婚姻生活提出这样的建议：“不要说对方亲戚的坏话。”这就是一个很好的例子。

即便是琐事，可自家的亲戚被配偶指摘的话，人就可能受到极大的伤害。这里我写作“琐事”，是以指摘的一方的立场而言的；对于被指摘的一方来说，这可绝对不是什么琐事。

同样，“不要说对方朋友的坏话”也是同样的道理。

我这里写作“坏话”，但实际上说起这件事的那一方也许并不想说谁的坏话，百分之百地没有攻击对方的意思。

也许就是这样一句话："那个人，他们家是经营店铺的吧。"

那个朋友家里确实是经营店铺的。说这话的人也没有什么弦外之音，只是单纯地说出一个显而易见的事实而已。然而即便如此，被说的一方却可能无法接受。

这是因为被说的一方，是按照自己的价值观来理解这件"无关紧要的小事"的。

上班族也好，运动员也好，个体营业者也好，说话的人看来都一样，然而被说的人可能并不认为这些职业是平等的。

这也许可以说是某一方的价值观不正确，或许双方的价值观都不正确，但最重要的是他们的价值观不同。这一点我们必须认识到。

所谓"事实"，是经由人的价值观到达人的内心的。同样的事实，到达不同的内心时引发的感受是完全不同的。

有着较高的自我评价和健康的自尊心的人，不太会受到伤害。而自我评价较低、有着病态的自尊心的人，容易受伤的程度往往令人震惊。因此，虽然后者总是感觉到被伤害，可是对方却完全不知道他们为什么会如此愤怒，为什么会不高兴。

有着病态的自尊心的人，总是处在提心吊胆、神经过敏的状态之中。这种人在受到伤害的时候，应该注意到以下事实：那些伤害到自己的语言或事件，对于对方而言完全是无关紧要的，而恰恰因为这样，对方才会那样说。

“他为什么要提起那件事呢？”“因为那件事对他来说，只不过是琐事而已。”“这样的话，会因为这种事而受伤，问题就出在我自己身上了。”可以像这样不停地在心中和自己对话。当然，也有与上述情形完全相反的情况：自己特别在意的事情，对方却毫无兴趣。道理都是一样的。即便对自己来说是特别拿手、特别得意的事，对对方而言也可能只是无关紧要的小事而已。

发现身边的温情

据说，忧郁亲和型（易患抑郁症的性格）的人会因为害怕被拒绝，而特意对别人示好。在我看来，犯同样错误的人出乎意料地多。

这世界上，有些人因为害怕被拒绝而故意表现得很坚强，也有些人因为害怕被拒绝而故意表现得很脆弱。

这些人错在哪儿了呢？错就错在他们如此表现的动机——害怕被他人拒绝。

实际上，他们根本没必要担心会被他人拒绝，也无需勉强自己制造出或坚强或脆弱的个人形象。

故意制造出脆弱的个人形象，实际上是向他人宣告自己是理应得到保护的人，通过营造一个脆弱的自我形象，来诉说“请不要责备我”。这也是在祈求他人能够接受自己的真实的存在。事实上，周围的人并不会像他们所担心的那样来责备他们。

人如果小时候常常被指责的话，长大后也总会觉得自己在被人指责。没有帮父母的忙而被责骂，帮了父母的忙而被夸奖，这样的人即便长大成人，哪怕自己已经疲惫不堪了，也会觉得别人会因为自己没做什么而责备自己。他们会主动诉说自己的疲惫、难处，但他们真正想要诉说的是“请不要责怪我，请允许我现在什么都不做”。

幼年时期没有被温情关爱过的人，无法信任他人的善意。更成问题的是，他们并不知道自己缺少了什么。

他们根本不知道自己从来没有品尝过温情的味道，而要意识到这一点非常困难。因为即便他们长大后得到关爱，也无法理解那就是温情。

小时候从没尝过甜味的人，长大后只要吃到甜的东西，马上就能理解这种味道。然而，心理上的体验却无法像这样立刻得以理解。

即便有人真心对自己好，他们也会误解，无法体会到对方的真情实意，也不会发觉“啊，原来我从来没有品尝过这种滋味”。他们会将他人的温情理解为其他的东西。

人总是以自己以往的言行模式来理解他人。一个人在长大成人之前，理解他人言行的框架就已经形成了，并会按照过去自己所品尝过的“滋味”来分类。之后每次去理解他人，就是将他人的言行放到某个已有的“滋味”分类里。

在这个世界上，有冷漠的人，也有热情的人。如果你过去的人生中只接触过冷漠的人，那么即使现在遇到热情的人，也会把他当作冷漠的人来看待。换个角度来说，如果你现在对待热情的人的方式，还与之前对待冷漠的人的方式相同，那么实际上对你自己来说，对方就等于是冷漠的人了。

即便你已经成年，也请你记得，你是完全有可能品尝到过去从没有品尝过的“滋味”的。也就是说，请不要把他人的言行简单地纳入自己固有的分类当中去。

该去爱的人，该去恨的人

说得极端一点，有神经症[1]倾向的人，在成长过程中并没有真正地和人交过心，所以他们才无法理解心灵交流这件事。

他们完全意识不到，自己这辈子从未有过心灵交流的体验。不过，所谓“心灵交流”这个字眼他们倒是知道的。这就是问题症结所在。

这么一来，明明心与心从未相通，他们不知怎么就会误认为那是心灵交流，也不会察觉到自己一直以来缺少心灵交流的体验。不知不觉间，他们就把冷冰冰的家庭认作是充满爱的家庭了。这是一件非常可怕的事。

假如你是在那种充满爱和心灵碰撞的家庭里长大的，那

---

① 神经症（neurosis），是一组主要表现为焦虑、抑郁、恐惧、强迫、猜疑症状，或神经衰弱症状的精神障碍。

又是怎么变成现在这种有神经症倾向的人的呢？

以爱为名的憎恶，以温暖为名的冷漠，以关心为名的敌意——你会患上神经症，应该就是你成长的环境造成的吧。

在你成长的过程里，父亲也好，母亲也好，姐姐也好，哥哥也好，不管是谁，只要有一个人具有理解他人的能力，说不定你就可以得救。然而在你的周围，这种懂得体谅别人的人恐怕一个也没有。

当你说了任性的话，谁会来接纳你呢？“任性”实际上正是小孩子的本性，尽管如此，你却从小就禁止自己做任何任性的事情。那是因为身边的人禁止你那样做；那是因为你不禁止自己任性的话，会遭到他人的厌恶。

不可思议的是，你现在却并不恨那些不曾理解过你、只把你玩弄于股掌之间的人。相反，你会去恨那些理解你、给你温暖的人。

心里生了病的人，不会憎恨那些理应憎恨的人，反而会对他们抱有罪恶感。对不妨憎恨的人却充满善意，对不妨远离的人却怎样也冷漠不起来。因为若是去憎恨、远离那些人，他们心中就会充满我刚才所说的那种罪恶感。

他们反而会去憎恨理解自己、关心自己的配偶或恋人。辜负了那些本该憎恨的人的一点恩惠都会感到罪恶，可对那些真正关爱自己的人的真心实意，不管怎么糟蹋都不会有罪恶感。

论及原因，是他们没有从那种冷冰冰的家庭里获得心理上的独立，所以哪怕让那些不理解自己的、冷漠的人有一点点的伤心，他们都会心痛不已。然而实际上，那些人根本不会伤心。

无法满足那些冷漠的人的期待就会有罪恶感，是因为在心理上仍然依赖着那些冷漠的人。这样说虽然残忍，但我不得不说，对于这些有神经症倾向的人来说，那些冷漠的人是非常重要的存在。

人之所以因无法满足对方的期待而感到悲伤，是因为对方对自己而言非常重要。这与对方是冷漠还是温情无关，也与对方能否理解自己无关。

人在心理上依赖某个人，与对方的品性无关。正因为这样，人们才会竭尽全力地想要得到内心冷漠、满口谎言的人的喜欢，却像对待奴隶一样驱使心存温暖的人。

依赖占有欲极强、以自我为中心的人，是一种悲剧。

你无法从那样的人那里得到恒久的爱，而得不到爱、体会不到温暖，你也永远无法摆脱这种依赖。

人若是无法憎恨那些理应去恨的人，也难免会冷漠地对待那些自己理应珍惜的人。

越亲近，越受伤

两个人若是走得太近，会给彼此造成伤害——这种观点并不适用于所有的人际关系。正确的表述是，对幼儿期的撒娇欲仍然存在的人来说，走得过近会给彼此造成伤害。

幼儿期的撒娇欲仍在的话，人会对接近自己的人产生如下想法：希望他能“这样”对待我，希望他能“这样”看待我，希望他能“这样”理解我。最重要的是，这些想法中包含着对他人的要求。这样一来，平时对待外人那样的迎合态度可就消失殆尽了。

对待外人——也就是离自己远的人——会想要迎合对方的心意，让对方喜欢自己。可对离自己近的人，就变成了“你要‘这样’”的要求了，这其实就是撒娇欲。所谓“这样”，内容本身就是在撒娇。**这是以自我为中心，要求他人溺爱自己。**

总之，对待自己身边的人，他们的内心同时交织着爱和憎两种极端的情感，这是内心的撒娇欲的意识化。

从心理学的角度来说，撒娇欲的反面就是以恩人自居。

撒娇欲是要求对方“这样”对待自己，是对对方的欲求。以恩人自居则完全相反。

因为对方对自己有“这样”的要求，所以自己才“这样”做，这是以恩人自居的人所做出的姿态。与人交往时，他们会强调这一点，让对方牢牢地记住自己的恩惠。

在人际关系里对自己的价值没有自信，可这种关系又对自己非常重要，此时就会使出以恩人自居这一招。以恩人自居的人会单方面地强调自己的恩惠，令对方感到不快。而这实际上正是因为他们的内心深处对自己价值的不自信。

因自己的无价值感而感到苦闷的人会变得以恩人自居，能够表达出撒娇欲的人则恰恰相反。在一段关系里，人如果对自己的价值没有自信，就不可能表达出撒娇的欲望。

只有对“对方喜欢自己”这一点很有自信，人才会对对方撒娇；只有对“对对方来说自己是无法替代的存在”这一点很有自信，才可能对对方表现出撒娇欲。

过于认真的、有抑郁症倾向的人，小时候被爱的欲望大多没有得到满足。也因为这样，他们才无法安心沉浸在他人的爱意当中。

只会用奉献这样的方式来维持与对方的关系，这其实是想撒娇的欲望被压抑后的反作用。这些只会靠为对方奉献一切来维系关系的人，在内心深处非常渴望别人能够为自己奉献。

越是只会靠奉献这一方式来维持与对方关系的人，越是强烈地渴望别人也能为自己奉献。大概再没有比他们更渴望得到别人的奉献的人了。

他们在内心深处，绝对不是真的想要为他人奉献。他们所渴望的反而是他人为自己奉献。由于是反动形成[①]而对对方奉献，他们无法发自内心地为对方着想。

---

① 反动形成（reaction formation），心理防御机制的一种，又称反向形成，指人在意识层面采取与潜意识欲望完全相反的看法和行动，比如明明喜欢一个东西却表现出厌恶的样子。

Chapter.02

大人也会想撒娇

满足撒娇欲的必要条件是：**能够感觉到自己有资格被对方喜欢。**如果对对方的好感总是感到不安，撒娇欲是不可能被满足的。

如果因为对方为你做了很多而感到过意不去，那么，不管他再为你做多少事，撒娇欲也都不可能得到满足。

我这样说似乎有些不太恰当，不过只有觉得对方为你所做的都是义务，感到你有权利接受那一切，撒娇欲才会被满足。当然了，实际上那并不是权利与义务的问题。

只有不会因为对方为你做了什么而感到不好意思，你才有可能去撒娇。那种以恩人自居的父母到底在多大程度上遏制了孩子的撒娇欲，说起来简直令人震惊。所以说，要求子女对自己感恩的父亲是最差劲的父亲。

能不能向人撒娇，这取决于对方的回应方法。即便给对方添了麻烦，对方也绝对不会因此而讨厌自己，只有感觉到这一点，撒娇欲才能够得以满足。只有当彼此的关系达到了这种程度，人才可能去撒娇。重要的是，你不会产生“为什么会这样”的疑问。对于自己就是以这样的方式而被对方拥有没有任何疑问，正是因为感受到了这一点，人才能够去撒娇。

如果像那些以恩人自居的父亲一样，总是一再要求子女感恩，那就根本谈不上什么撒娇了。此外，A.S.尼尔①曾说过：“会问‘你喜欢妈妈吗’这样的问题的母亲是最差劲的母亲。”这也是同样的道理。

就是因为能够满足撒娇欲的一方提出“喜欢我吗”这样的问题，被问的那一方才没有办法去撒娇了。

关于撒娇欲的满足，对方具体会为自己做些什么很重要，不过，更重要的是会用一种什么样的方式来做。

记得歌德曾经说过这样一句话，大意是“与其施与恩惠般地给人十万块，不如开开心心地送人一万块”。

对于撒娇的人来说，对方究竟能给自己什么好处很重要；但更重要的是，哪怕没办法得到什么具体的好处，也能够体

---

① A.S.尼尔（1883—1973），英国著名的自由主义教育家，创办了现代教育史上一所举世闻名的国际自由教育示范学校——夏山学校。

会到对方为此而感到惋惜、心痛。

撒娇在一种无责任的状态下才能够产生。即是说，一切的责任都由对方承担，自己没有任何责任。要满足自己的某种欲望，这并不是自己的责任，而是对方的责任。当你这样想的时候，你就是在撒娇了。

如果自己的欲望得不到满足，那么对方该对此感到过意不去，感到抱歉。只要你开始这样想了，你就是在撒娇。这就是对自己的存在放弃了责任。

从“责任”这种心理负担中获得解放的人才具有撒娇的能力。因此，小时候的撒娇欲没有得到满足，将欲望就那样压抑在心底深处，背负着“责任”这种沉重的心理负担的成年人，会出现许许多多的心理问题。

所谓成年人，就是要对自己的存在负责的人。某个人作为一个独立的人被社会承认的同时，也就被要求必须为自己承担责任。所谓自由与责任，就是成为成年人的条件。

然而撒娇却是要求旁人来为自己的存在负责。**想要他人为自己的存在负责的心理就是撒娇的心理。**当自己的某件事情进行得不顺利时，就怪罪其他人，这就是撒娇的人的行为。“为什么事情不像我想象的那样！”“为什么不能如我所愿！”会这样朝其他人发火，就是在撒娇。

让我们来考量一下那些压抑着撒娇欲从而形成执着性格的人的心理吧。表面看来，他们非常认真，能够很好地适应社会，也会为了满足他人的期待而努力。每当事情无法顺利进行时，他们也不会责怪他人，而是会责怪自己。

然而，过分在意规则的他们，内心的最深处到底又是什么样的呢？

压抑了撒娇欲并不等于没有撒娇欲，只是他们不敢正视这种欲望而已。

在意识的水平上，他们是充满自由与责任的主体；而在内心深处，他们却渴望对方能对自己的存在负责。

在意识的水平上，他们会惩罚自己；而在无意识的水平上，他们则会惩罚他人。

能让他们打心眼里感到满足的，并不是自己为自己负责的时候，而是他人能够为自己负责的时候。这也就是说，当他们从社会学的角度成为成年人之后，就绝不可能再体验到发自内心的满足了。

这恐怕就是他们持续焦虑及紧张的原因。他们在内心呐喊："来为我的存在负责吧！满足我的欲望是你的责任！"从社会的角度来讲，他们已经是很出色的成年人了，但内心深处却仍然像孩子一样，希望能不用负责任。而只有在不用为自己负责时，他们才能够得到发自内心的满足。

执着性格的特点之一，就是总能感觉到异常强烈的责任感。这同样也可以用压抑撒娇欲而造成反动形成来解释。他们之所以会过分地在意规则，是因为“希望无视规则”这一撒娇的特征被压抑，从而造成了反动形成。

这种特点又与希望给他人留下好印象这样的目的相一致，因此就形成了那种性格。

恰恰因为如此，他们虽说有强烈的责任感，但那其实也是一种炫耀般的责任感，而并不是真正地想要去负责。

对撒娇欲的压抑，这不正是看待现代人的危机的一个重要的视角吗？

他人的好感，正是你内心的欲求

罗洛·梅的《爱与意志》一书曾被《纽约时报》评为年度最重要的图书之一。这本书里，罗洛·梅谈到了现代人的性。他认为现代人过于强调高潮的达到，甚至到了精神焦虑的地步；另外，现代人还把满足对方放在了万分重要的位置上。

这一观点的原文是“…the great importance attacked to ‘satisfying’ the partner”。我们为什么偏要把让对方满足看得如此重要呢？结果使得“性”变成了心理上的负担。

原因之一恐怕是对撒娇欲的压抑。不仅限于性，在现代人的心底里，不正是期待着对方能够让自己满足吗？然而这种撒娇欲却又被认为是不好的，被我们从心里排斥，这就是压抑。

作为这种压抑的反动形成，人会觉得自己必须让对方得到满足，因而会努力满足对方。与此同时，被压抑的内容还会投射到对方身上，也就是说，会“看到”对方希望自己去满足他。因此，人就会努力去满足对方的这种期望。这，也就是罗洛·梅所说的“the great importance attacked to ‘satisfying’ the partner”——努力让对方满足的重要性。

不仅仅是关于性，在一般的欲求上也同样可以看到这样的现象。

换句话说，**想要满足对方，这并非是情绪成熟的结果，而是压抑的结果。**

能够给予对方些什么、能够因施与而获得满足，这本身体现了情绪的成熟。因情绪的成熟而出现的“施与性的爱”并不会伴有心理上的负担。

然而，努力想要去给予对方些什么、努力去满足对方的这种愿望，如果是想要被给予、想要被满足的渴求被压抑的结果，就会伴有心理上的负担。此外，如果这种愿望是因为觉得自己很无能而作为补偿出现，也同样会出现心理负担。

这种时候，当事人的心里会非常焦躁，感觉到压力让自己的能力无法真正发挥出来。而最为明显的情绪就是焦虑。

因情绪的成熟而去给予，并为此而感到喜悦的人，就可以避开焦虑。他们不仅不会焦虑，也绝对不会出现“要是对方不满足的话可怎么办啊”之类的不安。无论对方满足与否，他们的自我评价都不会因此而升高或是降低。与对方怎么想无关，他们拥有独立的自我合格感。但那些因压抑而去给予的人，是出于压力而这么做的。也就是说，他们觉得必须给予。

此外，因情绪成熟而给予并从中感到喜悦的人，也可以高兴地接受他人的好感；然而因压抑而给予的人，却会因他人的好感而感觉难为情。

为什么他人的好感会让他们难为情呢？这正说明了他们的焦虑，他们会因为他人的好感而心神不安。

之所以会因对方的好感而不安，是因为那会让他们察觉到心底所压抑的内容。内心深处虽渴求着对方的好感，然而正是因为这样，勉强自己压抑了撒娇欲。

所谓让人感到难为情的好感，恰恰是人在内心深处所渴求的东西，然而却由于反动形成这样的机制，形成了自己现在的这种性格。

非常认真，总爱跟人客气，总是很谨慎，总在顾虑他人的感受……这样的性格就是防御性的性格，是想要保护自己的性格。

而他人的好感正是自己内心深处所渴望的，所以一旦得到他人的好感，原本那种防御性的性格就会崩溃。此时，因为感觉到自己好不容易建立起来的防御性格可能会被破坏，所以会觉得心神不宁。

对方的好感让你有发现真正的自己的危险。正因为如此，一旦被肯定、被喜欢、被爱，就无法保持心神宁静。漠视自己的欲求，一直以来好不容易坚定下来的性格要被破坏了。正是因为害怕会这样，人有时才会避开能够得到爱的机会。

相反地，情绪成熟的人可以轻松地说句“谢谢”，坦率地接受他人的好感，并因此而喜悦。他们绝对不会因为他人的好感而心神不宁。

别输给内心的空虚感

罗洛·梅所指出的另一点——对达到高潮的异常强调，这又是从何而来的呢？

恐怕直接的原因就是心灵的空虚。对于人类来说，能够让人无须正视心灵的空虚的，就是达成感。只是这种达成感却伴随着不安。这不仅是指性方面，在其他事情上也是如此。

焦虑着该如何度过充实的一天，类似这样的情况，基本上也是由于心灵的空虚。完成一件又一件的事情就可以掩埋内心的空虚，因此才急于追求达成感。

内心的空虚越是深刻，掩埋它就需要越大的达成感。不论是事业上的成就、学业上的成就，还是娱乐上的成就，都可以达到同样的效果。

总而言之，在重要的事件上得到成就感，这是让人无视深渊般的心灵空虚的唯一选择。

具有抑郁症倾向的执着性格的人，即便备感疲惫，也无法从工作中脱身。他们不会让自己休息，因为一休息就会觉得焦虑不安。为什么会如此不安呢？

原因之一是一旦离开工作，就不得不去直面心灵的空虚了。而如果一直工作的话，就会不断在很多事情上达到成功，这样，就能够无视心灵的空虚了。

对他们来说，无论是工作还是性事，都是为了消除内心的焦虑和不安。如果不能得到成就感的话，就觉得没有任何意义。

在他们看来，没有达成感的工作及性事无法掩盖心灵的空虚。所以，他们觉得没有达成感的工作或性事只是在浪费时间。因此，如果一切不能向着成功发展的话，他们就会越来越焦躁。

他们不工作就会觉得不安，所以才夜以继日地工作。在他们的内心深处，绝对不是出于勤奋才一直工作的。

心灵又是因为什么而空虚的呢？这一点用一两句话很难说得清楚，或许可以说是因为孤独吧。不过，我要说那是压抑的结果。

孤独与空虚就仿佛背靠背般同时存在。那人又为什么无法与他人亲近呢？这恐怕还是因为他压抑了真实的情感吧。

人类如果能够依照自己自然的情感而活，就不会因为心灵的空虚而痛苦。但是，如果不能按照自然的情感生活，必须依照虚假的情感活下去的话，那生存本身就无法让人感觉到任何意义。

此时，人会通过工作或性事上的达成感来寻求救赎。那些虽然很疲惫却仍不肯休息的人应该要反省一下，看看自己是不是已然失去了某些自然的情感。

为什么有些人即使不工作也不会感到不安，而自己却会觉得非常焦虑不安呢？你可以试着从提出这样的疑问开始。

你对自己自然的情感抱有罪恶感，所以才无法从虚假的情感中脱身而出。

撒娇欲被压抑，无法按自然的情感生存，结果是心灵空洞化。所以说，**与其要靠各个方面的达成感来生存下去，还不如想办法去触摸自己自然的情感。**

人类确实是一种非常复杂的生物，即便除去了来自外界的束缚，人生也绝对不会因此柳暗花明，立刻变得美好起来。

规则越少，压力越大

比方说“性”这件事，随着社会学意义上的性解放，它反而成为人们内在的负担。外界的规则越少，内在的压力就越大。

无论是男性还是女性，都必须向对方证明自己到底有多优秀。与此同时，男女双方都会被彼此考验，每个人都必须通过对方的测试，于是男性的性无能及女性的无感症就变成了大问题。

对有些人而言，并非由于彼此的亲近而形成了性关系，而是为了展示自己的男性优势、女性优势才形成了这种关系。对于心灵上原本就与他人存在鸿沟的神经症患者来说，他们正是通过性事的达成来确立与他人的亲密关系的。也就是说，对他们而言，性事不是结果，而是手段。

对于无法与恋爱对象建立亲密感的神经症患者来说，这当然会成为心理负担。对于本来就没法顺利地和他人进行心灵交流的神经症患者来说，性事是帮助他们跨越心灵壁垒的重要手段。因此，在性事上，他们绝对不会允许自己失败。

如果两个人都有神经症倾向的话，彼此就都会在心底拒绝对方，不管是在异性间的关系中还是在同性间的关系中都一样。不过，他们都不愿意承认内心深处的拒绝感，都想要相信他们是亲密的。他们既被对方吸引，又拒绝对方的接近，这两种极端化的情感往往同时存在。

跨越这种内心的拒绝的重要手段就是性事的达成。然而，只要彼此仍为心灵的纠葛苦恼，在无意识中彼此拒绝的话，无论是男性还是女性，这种图谋往往会遭遇失败。

这是因为人类是被无意识支配的。无意识水平上的拒绝，会阻碍彼此在更广泛的意义上的欲望达成。尽管他们彼此都试图无视心灵间的鸿沟，努力在性事上获得成就感，以为如果成功达成性事上的成就，就能无视心灵间的鸿沟。然而事实上，那存在于心灵间的鸿沟实在是无法跨越的。

同性间的关系也是一样。或者说，对于那些没有性意识的异性间的关系来说，也是一样的。

所谓“有抑郁症倾向的人不会和他人唱反调”就是指这一点。他们彼此之间，或是单方面存在心灵的壁垒，因而在表面上会努力避免与人唱反调。

人如果能够与他人正常地进行心与心的交流，就绝对不会恐惧意见分歧、针锋相对。正是因为想要保护自己，在自己的周围筑起厚厚的壁垒，才没有办法反对他人。

人如果能够对别人敞开心扉，那么即便是阐述与对方不一样的观点，即便是表达相反的意见，即便是在利害关系上针锋相对，都不是什么重大的问题。

正是由于无法和对方心灵相通，正是由于这种心灵上的空虚，所以就不允许自己持相反意见，只能靠委曲求全来维系人际关系。也因为这样，只得一再地在工作或性事上不断地努力获得成就感。

不过，这种努力大多会失败，或者精力早已被消耗殆尽，无法将这种努力继续下去了。这种现象就是冷漠症（打不起精神来）。

人生漫漫，有神经症倾向的现代人所应该做的，是修正自己努力的方向。

要度过坦然自得的人生，与其通过在不同事物上得到成就感，把自己搞得精疲力竭，不如通过与人亲密相处而得到内心的平静，这才是真正的成功。

就算是在具体的事情上没有获得什么成功，可如果能够与人亲密相处，并因此感到满足的话，你的人生方向就完全没有错。如果能够朝这个方向去努力，人的精力就不会枯竭，就不会出现冷漠症。

那些会患上冷漠症的人，总是把任何事都看作征服的对象。就连休息，也被他们当作必须达成的目标之一。对于他们来说，这已经不再是休息与否的问题了，而是如何更有效率地休息的问题。如果能够短时间、高效率地休息，就可以说是成功的休息，这就是所谓休息的达成。

从主观意识上来说，事业上的成就与休息上的成就是一样的。不管是要开始工作，还是要准备休息，他们的想法都是一样的。因此，休息也和工作一样，有成败之分。

所谓休息上的失败，并不是说完全没有得到休息，而是说没有得到高效率的休息。就像人在工作进行得不顺利时会很焦躁一样，休息进行得不顺利的时候，也一样会焦躁不安。就比如说睡觉吧，如果躺下许久还不能入睡的话，他们就会烦躁得不得了。

有神经症倾向的现代人绝不会有“躺在床上心情好舒畅”的感觉，他们不会因度过轻松、闲适的时光而感到满足。因为他们就连休息也必须得到成就感。这和我在前面讲过的性事的达成是一样的。

“活着”的实感

撒娇欲是我们人类基本的欲望之一。如果这种欲望得不到满足，它就会以各种不同的面貌再度出现。比如说白日梦。

我在少年时代和青年时代，只要一有时间，总会做做白日梦。人虽然是生活在现实生活中，可心灵却生活在一个完全不同的世界里。这是非常幸福的事情。然而在漫长的白日梦过后，我心中却仍然充满了无尽的空虚。

突然某一天，我恍然大悟。原来，我是通过白日梦，间接地满足自己一直无法得到满足的撒娇欲。

然而，那绝对不是直接的满足，所以才会伴随着空虚。即便一再地得到满足，那种渴望也不会消除。而我的白日梦的内容恰恰是撒娇欲得到满足。

正如我们的肉体无法遏制地渴求食物及性一样，我们的心灵也同样无法遏制地渴求着撒娇。人即便很想克制自己，也总会不自觉地陷入白日梦当中。而由于没有现实的参与，白日梦过后，我们会体验到无尽的空虚。

美国有一本叫作《聪明女人笨选择》的畅销书，该书中有这样一段文字："…whenever we achieve anything in an indirect way, we feel bad inside."意思是说，当我们在任何事情上都是以间接的方式获得满足时，内心总会莫名地不快。

撒娇欲即使通过白日梦满足了，也无法得到与它被直接满足时同样舒畅的满足感。这就跟靠闹别扭、使性子来达到自己目的是一样的。

像这样，就算是获得了某些成就感，也不会给人带来自信。让人意外的是，那些沉迷于白日梦的人，那些总是闹别扭、使性子的人，却很少察觉到自己的欲求是未被满足的。

如果能够直面自己的欲求不满，不知道能够解决多少问题呢。

可一旦把自己内心深处的撒娇欲当作不好的东西而加以排斥，人就会丧失"活着"的实感。什么样的情况下，人容易变成那样呢？

首先是爱情的欲求得不到满足，又不愿承认自己的欲求不满。也就是认为撒娇欲是不好的，将之压抑的时候。此时被压抑的内容就会投射出来，比方说，投射到自己的孩子身上。

哪怕在孩子身上只发现了一丁点想撒娇的欲望，做家长的都严厉地加以指责批评。通过这种方式，父母自己内心当中的纠结就能够暂时得以解决。由于父母对自己内心的撒娇欲予以否定，所以才会纠结，为了能够暂时解决它，他们就会非难他人的撒娇欲。

这种没骨气的父母，面对外人的时候什么也不敢说，只会把自己的孩子当作非难的对象。而对于孩子来说，他们的撒娇欲被父母言辞激烈地训斥过了，只得将这种渴望彻彻底底地排除于意识之外。

于是，被认可的自己与不被认可的无意识中的自己就分裂开来。自我如此这般分裂后，就会丧失作为“我”的实感。这也就是所谓自我同一性的丧失，从此便不再能感受到作为“自己”的确定性了。

失去了作为“我”的实感的人，并不能自然而然地感到自己活在这个世界上，而是“因为这样，证明我活着”，必须有“这样”一个强有力的证据来支撑。如果不能牢牢地抓住点什么的话，他们就活不下去了。

失去了作为“我”的实感的人，总在焦急地寻找自己的存在感。他们必须想办法来确认自己正活着，因此总想抓住些什么。如果发现有什么事情能够证明自己的存在，他们就会牢牢地抓住它。

了解自己，理解他人

说到底，所谓的自我评价，就是由于小时候自己的真实存在是否被允许，从而或高或低地出现的。因此，只要被压抑的撒娇欲没有被意识到，那么不管社会给予你多么高的评价，你的自我评价都不可能提高。

自我评价过低，却得到了很高的社会评价，此时人的病态的自尊心就会增强。然而，人的情绪不稳定这一点却不会发生变化。

心神不宁，烦躁不安，感觉生存本身很艰难，因在意他人对自己的评价而时时不安，这些都说明真实的自我与自己所认为的自我之间有差异。

其实，这是真实的自我在诉说："你其实压抑了真正的自我哟！""你所认为的自我，和真实的自我并不一样哟！"那些不假思索地对家人发火的人，那些一瞬间心情就变得糟糕的人，实际上，一直忽略了这些内心深处的声音。

不过，想要让压抑的内容进入意识领域确实很困难。心情不爽的人是不会承认自己总是不高兴的。换句话说，常常因他人对自己的态度而感到不满的人，往往会把这种不满压抑住，这样说大概更容易让人理解吧。总是因他人对自己的态度而感到不满的人，需要去反省一下，真实的自我与自己所认为的自我可能是相反的。

说到底，无法了解自己的人，也无法理解他人。

你是否在靠爱的幻象保护自己

我在前面讲过，有些父母会强烈地指责孩子的撒娇欲。这种情况下，这些家长自身的爱情欲求往往没有得到满足。

可是这些家长为什么偏偏“相信”自己的爱情欲求得到满足了呢？那自然还是有其因果的。比方说，我们可以假设这些家长在社会上遭遇挫折，对自己感到失望。然而无论是社会上的挫折，还是对自己的失望，这些他们都无法坦率承认。此时能够将这些问题一举解决的，就是“爱”。社会生活上的成功发迹“很无聊”，所谓男人的奋斗“很无聊”，那些东西都“太幼稚了”。他们就是用这样的方式否定在社会上所遭遇的挫折，内心深处对自己很失望，却不愿承认这种失望。

这种时候，就需要“只有爱是最重要的”登场了。通过强调爱，将心中的郁结一扫而空。能够像这样把心中滋生的全部纠结一次性解决掉的，也就只有“爱”了。

高声呼唤着“爱”，强调自己是“重视爱的人”，这样，就能够避免直面对自己的失望了。

人生充满输赢沉浮，即便是爱的欲求被满足了的人，也很难坦然承认自己的失败。不过，要做到坦然承认失败，自己在“爱”上获得满足是必须条件。

如果人对爱情仍然很饥渴，一旦在社会上遭遇挫折，就会感到失望；如果在爱情上也遇到挫折，就不得不去直面对自己的失望了。人正是为了免于正视社会性的挫折，才必须强调爱。

只有靠爱才能够避免社会性挫折造成的伤害，只有靠爱才能保护自己。因此，即便自己的爱情欲求没有得到完全满足，仍然存在饥饿感，他们也绝对不会承认。

世间那些刻意强调“爱”的人，往往是我所说的那种人。我常常会觉得，这些人大多是比普通人还不懂得去爱的冷漠的人；或者，是比普通人更少在爱的欲望上获得满足的人。

他们之所以刻意强调爱，是因为想要靠爱来解决自己内心的各种纠结。有时候，这些人会聚集在一起，形成一个团体。

这些人聚集在一起，高声欢唱着爱；然而无论是施与爱还是接受爱的能力，都还不及一般人。这是扭曲的爱的团体，彼此通过强调爱来保护自己远离伤害。这是可怕的压抑的团体，其成员既无法理解自己，也无法理解他人。

基本上来说，这些团体的成员彼此互不关心。他们只是“相信”彼此相亲相爱。他们对彼此毫不关心的证据，就是他们都完全没有察觉到对方心灵上的创伤。每个人都拼了命一般掩饰自己内心的伤痕，却不会为对方着想。

这些团体的成员还很害怕变化。他们只想要维持现状，只允许一些特定的观点存在。还有一些人缺乏热情，只会吵吵嚷嚷，这也是他们对不安的一种防御。他们不会采取具体的行动来解决问题，而是试图通过对所有事情进行解释来达到解决问题的效果。

之所以认定那些事“很无聊”，是因为这就是他们对没有行动的勇气的合理化解释。

就这样，即便自己的爱的欲望并没有得到满足，却因为这样那样的原因而不去承认。像这样压抑自己的人，会在发现比自己弱小的人的撒娇欲时，严厉地训斥对方。

去强调爱，是为了解决自己内心的纠结；会严厉地训斥孩子的撒娇欲，也同样是为了解决自己内心的纠结。总而言之，所有的一切都是为了解决自己内心的纠结。**没有勇气直面现实的人，从始至终，不论做什么都是为了保护自己。**

然而，这些防御行为根本无法真正解决内心的苦恼。为了让自己的人生更有意义，也许你该反省一下自己是不是就是那样的人；同时，也有必要反思一下，在自己小时候，周围是不是有那样的人存在。

成熟与年龄无关

不会有人要求幼儿园里的小朋友必须懂得自由与责任，也不会有人要求他们必须自律；同样，也不会有人认为他们依赖别人是不对的，更不会因此责备他们。当然了，也可能有这样的人存在，不过那一定是极个别的例外。

然而，如果是二十岁的青年、四十岁的壮年，就一定会有许多人向他们说教了。这其实是我们的文化使然。

可是，二十岁的青年，他们的心灵就一定都已长大成人了吗？三十岁、四十岁的人，他们的情绪就一定已经成熟了吗？

要知道，**压抑着撒娇欲长到三十岁、四十岁的人，其撒娇欲仍然原封不动地留存心底。**当然，这是指本人对此完全没有意识的情况。

从社会的角度来讲，人到了三十岁，经济上也已经独立了；从表面上看，他过着三十岁成人该过的生活；然而在他的内心深处，仍然还只是个三岁的孩子。

劝说这样的人应该自律，这算是怎么一回事呢？我们所处的文化中，坚信人应该拥有自律性，这又算是怎么一回事呢？

其实这也就是说："你也差不多该要无视自己内心中的撒娇欲了，也该觉得自己心中的撒娇欲不是什么好东西，该把它排除到意识之外了。"

然而，不管你再怎么把它排除到意识之外，该存在的东西仍旧是存在的。人仍然会在无意识中按照撒娇欲来行动。只不过他们不会觉得自己的行为是被撒娇欲推动的，而是披上了许多合理的外衣。

我前面提到过的《聪明女人笨选择》这本书中，作者举出了许多例子来说明"自律的女人"所面临的困扰。那些在社会上非常活跃的女性，那些自我感觉非常出色的女性，却不知为什么，总也处理不好和男性的关系。

该书中有"被隐藏的依赖的需要"这一章节。为了能够在事业上有所发展，那些出色的女性认为自己必须独立自主。然而就算是职业女性，女人就是女人。对于职业女性来说，工作也一样会充满压力，不依赖任何人独立地生活下去，这对她们来说也是巨大的负担。

女人不能依赖男人。女人只有独立地活着，才能够真正开始自己的人生。女人不能是弱女子。这些观点都很容易被人接受。

为什么容易被接受呢？因为这些都是正确的观点。然而，这些观点却是有条件的。对于撒娇欲已经得到了满足的女性来说，这样的生活方式才是最适合的。这，就是以上观点成立的必要条件。

比方说，书中有这么一位叫作玛丽的职业女性，她在事业上很成功。玛丽和一位叫作汤姆的男人结了婚。

和汤姆结婚之后，玛丽很快就出现了想要辞掉工作的想法。每当沉浸于这种空想当中时，玛丽都会觉得很开心，也就越来越想要这样做了。

在丈夫的保护下，玛丽开始打算作为一个母亲、一个妻子而活。玛丽发现自己已经厌倦了工作，厌倦了责任。玛丽终于发现了每天被工作追赶着的疲惫不堪的自我。

因此，在某夜某次十分狂热的欢爱过后，玛丽和丈夫分享了自己的这种空想，然而，丈夫汤姆却被激怒了。

汤姆希望玛丽能够继续工作。他从没想过玛丽会不去工作，而且他认为依赖他人的生存方式是不对的。最重要的是，作为女性执行长官而活跃于职场上的玛丽，心中竟然也隐藏着想要依赖他人的愿望，这一点对于汤姆来说是无法想象的。

在听到玛丽的空想时，汤姆立马有一种被辜负了的感觉。然而在玛丽的心中，却确实隐藏着无法否认的想要依赖谁的愿望。

依赖别人确实不好，这一点毋庸置疑。我也曾经说过，过分依赖他人对人生是具有破坏性作用的。长大成人之后的依赖确实不好，不管别人怎么说，现在我都相信这种说法是正确的。

然而，这种说法却常常被错误地解读。长大成人之后的依赖并不好，这也就是说，在长大成人之前，依赖别人的欲望就应该已然被满足。

虽然说成年后依赖别人不好，可内心就是想要依赖别人，这种事实是没办法改变的。就好像我们觉得下雨天心情会不好，可事实上仍然会有下雨天存在。

如果长大成人之后能够不依赖他人，这不管对男性来说还是对女性来说，都是再好不过的。但是如果在心中确实存有想要依赖他人的欲望的话，那么就必须察觉到自己的这种欲望。**最差的情况就是，明明自己有想去依赖的欲望却无视它，装作自己没有那样的欲望。**

事实上并不算完美，却非要装作完美的样子，这不管对本人也好，对周围的人也罢，都是具有破坏性的。在这种人的身边，总会不断地发生争吵。

大肆标榜着正义，对别人指责不休的人，其实就是无法承认自己有想依赖别人的欲望的人。在社会上是个老好人，却总是指责妻子的丈夫也是同一类人。

这些人是通过找别人的麻烦来间接满足自己依赖他人的欲望。那些出席宴会前闹别扭，说自己没有衣服可穿，让丈夫困扰不已的妻子也是一样，通过让丈夫为难而间接地满足自己依赖他的欲望。

在这些人的心中，恐怕都存在着一旦察觉，就连自己也要大吃一惊的强烈的撒娇欲。

隐藏的撒娇欲是内心种种矛盾的根源

一旦内心隐藏着自己也没意识到的撒娇欲，就会出现两极化的矛盾心理，原本无法并存的相互矛盾的情感会同时现身。虽然离不开对方，可是和他在一起就会觉得不痛快；虽然和这个人在一起很自在，可心情却总会变得低落；虽然讨厌他，可是同时也喜欢他：一直为类似这样的矛盾所苦。

如果没有隐藏的撒娇欲，就能够和离不开的人快乐地相处，和让自己觉得自在的人在一起也会心情轻松，对讨厌的人就能讨厌，对喜欢的人就能喜欢。即便有想依赖他人的欲望，假若能够察觉到这种欲望，也不会出现这种矛盾的情感。

被人当作矛盾情感的对象也让人难以忍受。如果对方真有那么讨厌自己的话，宁愿他说："走远点，别管我！"可是对方却会纠缠不休，总是来烦你。

因为这些人对爱很饥渴，然而对于这种饥渴，他们却无法自觉。没有自觉，又想要去满足这种渴望，就会用道德啦，爱情啦，冷漠啦，人不能做那种事啦，等等来找碴儿。

对于心理疾病的康复来说，“能够察觉到自己的渴望”是至关重要的。我真的要渴死了，我真的要饿死了，我真的在渴求什么……意识到自己的饥渴是非常重要的。

肉体层面上，任何人都能够察觉自己的实际情况，比如因为缺乏食物而饥饿的人知道自己是饥饿的。然而，因缺乏爱而饥渴的人，却无法察觉到自己正渴求着爱。他们反而会以为自己的爱的欲望已经得到满足了。

这一点上，爱与性也有区别。因性而饥渴的人，就不会误以为自己的性的欲望已经被满足了。

要察觉到自己的这种饥渴，首先要解除压抑。正因为如此，要察觉自己的饥渴才会那么难。

不过，如果撒娇欲被压抑了的话，人会出现这样的不确定感——莫名地觉得自己有点靠不住，莫名地觉得自己的存在无凭无据。

内心压抑的人，往往连自己都不知道自己真正想要的是什么，在小事上尤其如此。

在大事上，人都会有知道自己想要什么的错觉。比方说自己将来想做些什么，对于类似这样的事，即便在内心深处并没有那样的愿望，也会有“我就是想要那样做”的错觉。

也就是说，人会将他人的期待内化，以为他人的期待就是自己的愿望，从而产生这样的错觉。比如，自己其实并不想继承家里的店铺，可是因为父母对自己有这样的期待，所以就常常会“相信”自己也有这样的愿望。

然而在日常生活的小事上，就常常不知道自己到底想要什么了。我要穿哪件衣服呢？到底喜欢哪种颜色呢？我要在哪张桌子上写东西呢？我要去那里还是不去呢？在这种小事上，反而不知道自己到底想要什么了。

总是很紧张的人是欲求不满的人。这种人首先要自我反省一下，看看自己的内心是不是隐藏着什么。说不定你会发现依赖的欲望、撒娇的欲望。

撒娇欲得到满足，也就是指被对方接纳。在某人的面前觉得自己有撒娇欲很羞耻、没办法向他撒娇，这实际上也就是被对方拒绝了。

在父母那里满足了撒娇欲的人，是被父母接纳了的人。**自我被接纳，才可以形成确定的自我同一性。**撒娇欲没有得到满足，甚至被强制性地放弃了这一欲求的人，是没有被父母接纳的人。他们的自我同一性会变得没有确定性，在此后的人生中也一直都会抱有自我不合格感。

然而，最糟糕的情况还不是不被父母接纳，而是虽然没有被父母接纳，却相信自己被接纳了。

下雨天本身并没有什么不好，可是如果认为下雨天是晴天，就是心理疾病了。

Chapter.03

内心的不安从何而来

所谓安全感是从何而来的呢？

来源之一是拥有一个不会被他人干涉的自己的世界。

我们通常会发现，精神分裂症患者总是处于不安的状态。这是因为他们并没有属于自己的世界。他们总觉得自己的世界在被他人窥视，总有一种恐惧感，无法获得安宁。

如果人能够拥有一个不会被任何人窥视、专属于自己的世界的话，就会获得安全感。只有拥有这种最基本的安全感，作为人的各种机能才能够运行起来。

只有有了这样的安全感，人才能将精力集中于工作和学习上。当人感到不安的时候，是无法忘我地将精力集中到外部事物上的。

集中精力与自我封闭不同。人是因为不安才会自我封闭的，从而保护自己远离不安。反过来，人正是因为没有不安，所以才能集中精力。

有神经症倾向的人之所以会为不安而苦恼，是因为他们总觉得自己没有自信的内在世界被他人窥探到了。正是由于感受到了这样的不安，所以必须向对方展示自己的重要性。只有这样，他们才能够从内心被窥探的不安中重新站起来。

此外，有神经症倾向的人往往会压抑自己的攻击性。我已经反复说过几次了，**一旦压抑了对对方的敌意，压抑的内容就会被投射出来，会觉得对方想要攻击自己。**这也会让人过分地意识到自己的弱点。

不过，就算是有神经症倾向的人，也不是对所有人都会感到同样的不安。即使和A在一起的时候会感到不安，但和B在一起的时候就不知道为什么会觉得非常安心。

为什么和A在一起很不安，和B在一起就能安心呢？因为和B在一起的时候，攻击性没有被投射；而和A在一起的时候，攻击性投射在了A的身上。被攻击的当然是自己的弱点。

就像我刚刚说过的那样，和A在一起的时候，人过分地意识到自己的弱点，会想办法做些什么来为自己辩护。也就是说，必须向对方展示自己是一个非常优秀的人。

然而与B在一起的时候没有被压抑的攻击性，也就没有投射。这样人就不会感觉到自己的弱点在被攻击，自然也不需要向对方夸示自己是一个多么优秀的人了。

如果自己内心充满自信的话，不管和什么人在一起都不需要防御。人总是因为自己脆弱的内在世界被人窥视了，被人攻击了，才会过度防御，急着向他人展示自己的优点。

说到底，觉得自己脆弱的内心世界被对方察觉了、窥探了，这种感受本身就是心理健康的人所没有的。

喜欢就是喜欢，讨厌就是讨厌

这些人总是急于把自己最优秀的一面展示给对方，不这么做就没法安心。

从这种意义上来说，他们只是急于让自己安心，只想要保护自己，完全没有和对方交流的意愿。

这些焦躁的人很害怕被人看到自己脆弱的一面，如果对方不承认自己的强大，自己就没有办法安心。他们总是急着想要让对方感到自己很强大。

为什么非得让对方感到自己很强大呢？这就是我刚才说过的，是被压抑了的攻击性投射在对方身上的缘故。

也就是说，和某个人在一起的时候，如果总是莫名地心情无法平静，或者不知道为什么总是很焦躁，那就说明自己其实并不喜欢对方，甚至在内心的深处讨厌着对方。

虽然内心深处是讨厌对方的，却由于这样那样的理由，没办法意识到自己是讨厌对方的。比如说在心理上依赖着对方；或者自己心理上备感孤独，特别希望能有人来疼爱自己，而恰恰这个人又碰巧曾让自己感受过爱。

想要通过被人喜欢来保护自己的人，不管对谁都很和气，这与他们心中对某个人是喜欢还是讨厌无关。或者说，这与对方是尊重自己还是轻视自己都无关，只是一味地想要被爱。

虽然不管对方是谁，只要喜欢自己就好，可是在内心深处还是会喜欢或讨厌某个人的。只是心理上有被爱的需求，而且这种需求非常强烈的话，人就不太可能意识到自己内心深处的这种好恶了。

有些人和自己很合拍，有些人自己很喜欢，努力想要让这样的人喜欢自己是理所当然的。不过，有时候尽管对方很自私，尽管自己的内心深处很讨厌他，但还是想努力赢得他的喜爱。

后一种情况下，人自然会感觉压抑。这种压抑会带来不安，会让人感到焦虑。因此，**如果和某个人在一起的时候，有一种说不出缘由的焦虑感出现的话，就需要反省一下，自己的内心深处是不是讨厌这个人。**

在内心深处很讨厌某人，可是出于自己的心理需要，在意识水平上还会试图讨他的欢心。所以说，**这种有着“必须被人喜欢”的心理需要的人，会容许他人轻视自己。**

其实是很讨厌某个人的，却误以为自己喜欢他，像这样的情况，我们要怎么样来分辨呢？

要想分辨自己是否内心厌恶却做出喜欢的样子，就需要警惕自己是不是在毫无诚意地一味逢迎对方。

虽然是无心的，却在不知不觉之中开始毫无诚意地奉承某个人，这就是很危险的信号。这种并非发自内心的奉承会在心中留下抹不去的不快。

正是因为并没有真心喜欢那个人，所以才能毫无诚意地说出夸大的奉承话来。如果是面对自己真正喜欢的人的话，是没办法若无其事地说谎的。

所以说，你可以通过回想自己与他人的谈话，来了解自己是不是过分夸大地表示了对他的喜爱。如果你的爱的表达已经达到了不自然的程度，如果你在表达过后总觉得有点不舒服，那么你就很可能是在内心深处厌恶着他。

和这样的人在一起时，你会莫名地心神不宁、焦躁不安。正如我在这一章的开头写到的那样，人只有拥有属于自己的世界，才能有安全感。然而和这样的人在一起，只会让人失去自己的世界。因为在你的内心中，厌恶与喜欢被分裂开来了。尽管自己内心中的软弱与厌恶不想被人知道，却感觉正在被人窥探。

没有自信，就无法坦然地生活

还有一点需要注意的是，**会让你莫名地心神不宁的人，其实也是没有自信的人。**他们内心的纠结会与你自己的内心纠结产生共鸣。

由于对方也没有自信，所以也总是急于给别人留下好印象。而这种急于抬高自己，在你心中强行留下好印象的行为，又会对你造成伤害。

你想要保护自己，对方也想要保护自己，这种彼此都在自我防御的行为，其结果就是对彼此都造成伤害。

有些人，虽然在内心深处彼此厌恶，却都离不开对方。

从小被禁止按照自己自然的情感生存的人，会有意识地努力为自己制造出情感。如果能够让自然的情感起作用的话，就不会太喜欢那个人了。不，是会讨厌他。然而他们却会努力让自己觉得喜欢他，并且认定自己“应该”喜欢他。这些人已经太过于刻意地制造自己的情感了。

小时候就开始有意识地制造自己的情感，这般成长起来的人，会失去自然的情感。正确地来说，并不是“失去”，而是将自然的情感压抑到潜意识之中。

从小被教导要喜欢这样的人，要看不起那样的人，不知不觉地，对内心并不喜欢的人也会以为自己很喜欢，对内心其实很渴求的人也会以为自己看不上他。

那些你和他在一起就会让你莫名地焦躁的人，可以说，就是那种你被要求“需要喜欢他”的类型。如果和别人在一起的时候会莫名其妙地心神不宁、焦躁不安的话，你也许应该反思一下，是不是自己的情感从小就被父母管得过严了。

而那些自己的内心纠结万分，按照自己的喜好来操纵孩子的情感的父母，他们所喜欢的人，多半是没有自信的人。

因此，孩子也会喜欢上那些没有自信、虚张声势的人。这种所谓的“喜欢”不是情感自然发生的结果。内心纠结的父母推荐的人当然也是有很多心理问题的人。

简单来说，失去了自然情感的人，会喜欢上有心理问题的人；或者说，会以为自己喜欢上了他们。

就像我前面已经说过的一样，会让你莫名地心神不宁的人，很可能也是没有自信的人。让没有自信的人变得不安的，同样是没有自信的人。内心纠结的人和同样有心结的人在一起，会觉得心神不宁。

这是因为你们都很清楚对方还没有得到满足，彼此都想让对方在当下得到满足，这样才能确定自己的存在价值。彼此都会因为对方的影响而变得心神不宁。

内心纠结的人，很容易被对方的心理状态影响。如果自己的内心有一个稳定的世界的话，就不会如此轻易地被对方的心理状态影响了。

内心纠结的人还保留有幼稚性。不对，应该说正是因为还保留有幼稚性，所以才会产生内心的纠结。

幼小的孩子很容易受到母亲的心理状态的影响。如果母亲的心理状态很稳定，小孩子的心理也会很平静。反之，如果母亲的心理状态不稳定，小孩子也安静不下来，总是会磨人。

此外，欲求越是被满足的孩子，受到母亲心理状态的影响越少。

这样想来，两个有心理问题的成年人在一起时，彼此的不适感就很容易理解了吧。**没有自信的人，无法忍受对方的不自信；欲求不满的人，无法忍受对方的欲求不满；苦恼着自己的存在毫无意义的人，无法忍受从对方那里所感觉到的无意义感。**

实际上，对方的不满绝非你的责任。对方在心理意义上变得不满，并不是你的错。然而每当遇到身心欲求不满的人的时候，没有自信的人往往会觉得那是自己的责任。

事情明明和自己没有任何关系，却感觉是自己的责任，这恐怕也是因为小时候，父母心情不好就随意地把责任推到孩子身上，比如会说“就是因为你……”“都是为了你……”这种话。

在你出生之前，你的父母就早已是不快乐的人了。他们的不快是情绪未成熟的结果，并不是由于你的存在。尽管如此，父母却总是责备你，就好像那是你的责任一样，所以你才会觉得自己要对他人的情感负责任。

即便你已经长大成人，如果对方得不到满足，你还是会觉得那是自己的责任。你误以为自己有满足对方的责任，所以你才会焦躁，才会莫名不安。

此时最为重要的，就是改变你已经习惯了的错误想法。

如果对方错误地追究你的责任的话，你也可以错误地去追究对方的责任。如果对方对你有所要求的话，你也可以要求对方些什么。从小时候逐渐确立起来的人际关系中，你的姿态是可以改变的。

从今天起，做自己的主人

如果你由占有欲极强的支配型父母养育成人，不知不觉间，你与他人相处时总会变成被动的一方。这是因为你已经习惯了这样的关系模式，会自然而然地把自己放置在被动的立场上，而非主动的一方。

你如此专心、努力地做他人的随从，期望自己能够做得更好，甚至会允许对方支配自己的内心世界。

我想，大体上可以用以下的内部图式来解释。

在成人 A 的心中，有着接受对方支配、靠满足对方的要求来维持人际关系的部分，这一部分就叫作“顺从性 A”。与此同时，他的内心还有幼稚性的部分存在，我们把这一部分叫作“幼稚性 A”。同样，B 这位成年人心中也拥有这两个部分。

那么，当 A 与 B 相遇时，就会出现表 1 这样的关系（参见下页表 1 ）。当然，表中所反映的关系反过来说也是一样的。总之，这里讲的是一个人的顺从性与另一个人的幼稚性之间的关系。

虽然 A 自己也有幼稚性，也需要表现出幼稚性，但是他却忍耐着不表露这一部分的自己。换句话说，他不好意思表现自己幼稚性的一面，对别人总是客客气气的。

对于 A 来说，B 怎么看待自己原本无关紧要，然而莫名其妙地，A 就是拼了命地想让 B 觉得自己很好，因此总是急于更好地满足 B 的要求。

这是因为对 A 这个成年人来说，从小就已经习惯了这样的人际关系模式。这样的模式一定是有什么对他来说极具魅力的部分，所以才会变成这样。

当然了，有时候也可能是顺从性 A 与顺从性 B 之间产生联系。这时候双方只会一味地谦让，直到彼此都疲惫不堪。他们不管交往多长时间，都没办法消除隔阂，总是客客气气地保持着距离。

这样的两个人都没有完成自我的确立，支配着他们的是病态的顺从性或幼稚性。究竟会表现出顺从性还是幼稚性，会因对象及场所的不同而发生变化。但无论如何，都不会是由已经确立的自我所支配的。

如果情绪未成熟的成年人 A 与一个自我已经确立了的成年人 C 交往的话，会是怎样的呢（见表 2）？

表 1

<table>
<tr><td rowspan="3">A</td><td>顺从性 A
（他者中心性）</td><td rowspan="3"></td><td>顺从性 B</td><td rowspan="3">B</td></tr>
<tr><td>自我 A</td><td>自我 B</td></tr>
<tr><td>幼稚性 A
（自我中心性）</td><td>幼稚性 B</td></tr>
</table>

表 2

<table>
<tr><td rowspan="3">A</td><td>顺从性 A</td><td rowspan="3">↔</td><td>顺从性 C</td><td rowspan="3">C</td></tr>
<tr><td>自我 A</td><td>自我 C</td></tr>
<tr><td>幼稚性 A</td><td>幼稚性 C</td></tr>
</table>

C 并没有把早年的幼稚性原封不动地保留到成人，因此 A 的顺从性也不太会被刺激。可以说，此时是 C 的自我与 A 的自我之间产生联系。然而 A 的自我却没有得到满足。

此时从 A 的角度来看，他不会有和对方深入交往的满足感，感觉像是小孩子在和大人一起玩似的。

正因为这样，有心理问题的人才会喜欢和同样有问题的人交往。

哪怕在那种关系中自己被轻视，可 A 的顺从性仍然是被幼稚性 B 需要的。从 A 的角度来看，与其和 C 交往，还不如和 B 交往，后者更能让他体会到被需要的实感。

A 和 C 在一起虽然并没有感到不愉快，但也不觉得自己被需要；和 B 的交往虽然伴随着不快，但却觉得是被需要的，因此，也就没办法与 B 分手。

幼稚性与顺从性是同一枚硬币的两面。如果没有了幼稚性，自然而然地，也就不需要通过满足对方的欲望来维持关系了。

消除了自我中心性，就用不着总是介意自己在别人眼里是什么样子的了；消除了顺从性和幼稚性，自我才能得以确立。

留有幼稚性的成年人总有诸多不满

成年人的幼稚性是无法被满足的。因此，内心深处保留着幼稚性的人，总会不满，总在提要求。

这种不满只存在于他的内心之中，周围的人并不会感到自己需要对这种不满负起责任。虽然身边有个这样的人感觉很不好，不过还是可以努力无视他。也就是说，那个总是不满的人并不是因为“身处这里”而不满的，不管把他放到哪里去，他都会不满。

问题是，如果你自己也存留有幼稚性的话，就没办法无视身边那些不满的成年人了。

存留有幼稚性的成年人，没办法独处，在心理上没法将自己和身边的人独立开来。

因此，**情绪未成熟的成年人没有办法对身边的人置之不理，他们爱多管闲事，会以关心或担心等为理由去干涉身边**

的人。

换句话说，情绪未成熟的成年人，不会对另一个心怀不满的成年人置之不理，他在心理上是与对方纠缠在一起的。

情绪未成熟的成年人，对身边的人会有各种各样的情绪：讨厌、喜欢、觉得对方很无聊、不接受对方、有好感、有敌意等。总之，无论如何都无法“置之不理”。

我在前面写过，对那些不是因“身处这里”而不满，而是因自己内心的问题而不满的人，最好是对他们置之不理。让人头疼的是，存留有幼稚性的人从心理上无法做到这一点。

如果你在心理上和身边的人纠缠不清的话，首先需要反省一下自己的幼稚性。如果意识不到这一点，你就会用好心啊，那么做太过冷漠啊，友情啊，爱情啊，等等各种各样的理由，把彼此心理上的纠葛合理化。那样，你永远都无法达成心灵的成长。

如果只是把自己和他人心理上的纠缠用“关心”这样的字眼来合理化，你就永远都无法真正成为一个能够关心他人的人。

关心他人，首先需要去理解对方。然而，当你自己在心理上并不独立，而是与他人纠缠不清的时候，是绝对无法理解对方的。你所谓的关心，也只不过是按照自己的想法支配对方而已。

比方说，存有幼稚性的人，无法容许对方有“别管我”这种想法。而在已经很好地确立了自我的成年人看来，实在很难忍受这种黏糊糊的纠缠不清的感觉。

当对方出现“别管我”这种想法时，存有幼稚性的人是无法理解的。他会用“你这是什么态度”“我明明都这么担心你了”等理由，表现出以恩人自居的态度，可是这只会让他变得更加令人厌烦了。

当自己对他人抱有幼儿般的愿望时，是没办法理解对方的。即便能多少觉察到对方的情绪，也无法容忍对方的态度。

如果对方在情绪上同样不成熟，也会像你一样纠缠不清。恰恰因为如此，存有幼稚性的人会喜欢上讨厌的人。

和别人纠缠不清的人，其实既非出于讨厌，也非出于喜欢，只是单纯地无法把自己的感情和对方剥离开来，如此接近之后，产生或是憎恨或是有好感这样的情感。

所谓成为一个真正的成年人的必要条件，是不和他人黏糊糊地纠缠在一起，能够与人正常交往。对真正的成年人来说，喜欢上谁，就是真正地喜欢上谁，决不会出现潜意识里憎恶某人，而只在意识层面上喜欢他的情况。

心理不独立、无法独处、具有依赖性的人，自己自然的

情感会被意识操控。

总而言之，存有幼稚性的成年人，无法拥有简单纯粹的人际关系。如果你觉得自己的人际关系颇为复杂，感到不太舒服的话，就要首先正视自己内心深处的幼稚性。

我在本章开头部分写过，有的人会觉得自己的内心被他人窥视了，说到底，这其实也是自己的依赖性的反射而已。若是在心理上没有和别人纠缠在一起，是不会觉得内心世界被窥探的。

“从不争吵的美满家庭”是个悲剧

自卑的人，常有种单枪匹马闯敌营的感觉。这既是人类生物本能的出众之处，也是局限所在。

因强烈的自卑感而苦恼的人，他们的成长过程确实像是孤身一人闯进敌营，可以说是在敌人的重重包围之下长大的。

在他们小时候，所有身边人都是敌人。当然了，在距离较远的地方，还是有很多并非敌人的存在，但是，像是家人这样亲近的人就全部都是敌人。

所谓敌人，是那些不允许他自然成长的人，既没有真正地关心过他，也完全不去理解他。

这些人透过与这个孩子的关系，处理自己心中固有的憎恨。他们会嘲笑他、欺负他、玩弄他。他们把孩子当作玩具耍着玩儿，以此发泄自己心中的积怨，或者确认自己的优越感，又或是仅仅为了给自己的生活增加点乐趣。然而，被身边这些大人玩弄于股掌之中的孩子却因此生了心病。

对这个孩子来说，他被迫成为所有人的出气筒，周围的成年人是作为敌人而存在的，除此以外什么都不是。

最可悲的是，这个孩子认为所有人都像他在这个环境中所遇到的一样。即便长大成人，他遇到的人已经发生了变化，他仍然会像儿时一样，有同样的感觉。

至少在成长的过程中，这个孩子身边的人确实都是敌人。在潜意识里，他也渐渐认可了这样一种事实。这个孩子的动物本能告诉自己，周围的人对自己来说，都不是什么好人。

能不能意识到这一点起着决定性的作用。然而，更为严重的是尽管周围已经全是敌人了，也仍绝对不允许自己对他们发火。

因为“发火”是一件“坏”事。发火的人，就是坏人。兄弟姐妹间打架是不好的，对父母发火什么的就更是等同于亵渎神明了。

被嘲弄、被戏耍时，换句话说，也就是被人侮辱时，他心底自然会愤怒。然而这种愤怒却不能表现出来，需要被压抑，甚至连自己都意识不到这种愤怒。

愤怒在内心中累积，原本应该指向敌人的愤怒却渐渐指向了自己，觉得自己犯了错。正因为如此，**有自卑感的人也**

同时会有罪责感。

虽然不太清楚原因，但他们就是能感觉到自己是不被允许的存在。这个世界上，有些人像是被神明庇佑了一般，过着幸福的每一天。然而另有一些人，他们从不会觉得自己是被宽恕、被允许了的存在。

造成这种状况的原因之一，就是小时候周围的人都不允许他们表露真实的自己。他们对自己自然的情感、自然的状态都会感觉到罪恶。换句话说，所有人都不接纳自己，自然就会有罪责感。更何况，没有那些成人的保护，自己根本无法生存。

另一个重要的原因是我刚刚讲过的，**本该指向敌人的憎恶却指向了自己。**原本“无法原谅”的，本该是周围嘲弄自己、侮辱自己的人。然而愤怒是坏的，是不对的，必须将之压抑。这就让原本应该指向他人的“无法原谅”的愤怒能量，最后全部指向了自己。

小时候能够和兄弟姐妹吵架的人是幸福的。一切形式的争吵都被禁止了的孩子，就不得不忍耐兄弟间的一切不当的行为。他们不仅仅要忍耐，更由于愤怒指向了自己，让他们感觉自身成了“无法原谅”的存在。于是，他们会憎恨自己，责备自己，对自己的存在感到罪恶。

如果你对自己的存在有罪责感，不管做什么总有一种无法原谅自己的感觉，并为之苦恼的话，那么就真要好好地反省一下自己小时候的事了。在你小的时候，别人伤害你的时候，周围的人是不是强迫你要逆来顺受呢？

为了“所有人相亲相爱的美满家庭”的美名，硬是被人贬低了自己、伤害了自己。这样的人，不被强烈的自卑感压垮都难。

他们不能够发火，因为不发火的话就会有人表扬自己是好孩子。为了要赢取这类表扬而患上神经症的人，并不知道自己已经为此付出了多大的代价。

自觉有点神经症倾向的人，应该好好反思一下。你为了被人夸奖是“好孩子”，到底做出了多么大的牺牲？**为了被人夸奖是“好孩子”，都不再是一个真正的人了。**为了被人夸奖是“好孩子”，连生存的喜悦都放弃了。甚至可以说，不光放弃了生存的喜悦，生存本身都变得无比艰辛。

“生气就要被惩罚”，因为总感觉别人在这样说，就好像生存在地狱中一样。这样的神经症患者是何其多啊！

抑郁症患者就是那些为了满足父母的“我们家的小孩关系都很好”的虚荣心而不得不堕入地狱的孩子。神经症患者的每一天都像是徘徊在地狱里，如果在他们小时候，父母没有“我家的孩子关系都很好，都是不会反抗父母的好孩子”这种虚荣心的话，他们也许就能够被拯救。

这种禁止一切争吵的家庭中，最悲剧的莫过于最小的孩子。处于最弱立场的孩子会被欺负、被捉弄得最厉害，被迫忍受最不公的行为。

在禁止表达愤怒这一情感的环境里，相对来说处于强者立场的人，往往会在背地里欺负相对较弱的人，通过这样的方式来消除自己的欲求不满。

“我们家的孩子完全不吵架，个个都是好孩子，我们家就是最理想的家庭。”有些父母竟会说出如此脱离常规的话。为了满足自己病态的自尊心，这些父母至少已经将自己最年幼的孩子推入了地狱。我这么说，应该毫不过分吧。

然而那些因此生了病的孩子，却多半会将推自己入地狱的父母当作理想的父母，也会认为那些帮助父母把自己推入地狱的哥哥姐姐们是非常出色的人。

你心底的那根刺

前文提到过的《聪明女人笨选择》里，有这样一个案例。某个妇女为头疼所苦，找了许多医生治疗，但无论如何都查不出身体上有什么问题。最后，她不得已去看了神经科医生。

她说自己和母亲相处得很好，认为母亲是非常了不起的人。她的母亲常常会打她的孩子，当然，是在孩子做了坏事的时候。这位女性表示对此没有异议，并且要求孩子喜欢姥姥。

医生问她："对于你母亲对待孩子的这种方式，你不生气吗？"

"怎么会呢，"她回答，"因为我妈一直都在帮助我们啊！"

这个故事发生在美国，她回答的一句话，用英语来表达是这样的："I certainly don't feel angry."（我当然一点都不觉得生气。）

这次谈话后不久，她的母亲为了避寒暂时去了佛罗里达。母亲一走，过去一直困扰着她的头痛症状立刻就减轻了。

对这位女性来说，“你是不是在对母亲生气”根本就是不可理喻的问题。她会毫不犹豫地回答“绝不可能有那种事”。尽管如此，这问题本身恐怕还是盘踞在她的内心，让她无法释怀。

“我很感谢母亲，我怎么可能会对她生气呢。”确实，在意识的水平上她确信这一点。她所给出的答案并不虚假。然而，这问题还是在她的心里奇妙地留下了重重的一笔。在她内心深处的什么地方，也许对自己的答案存在着疑问。那里就是她的原点。

明明就是个胡说八道的问题，明明就是个让人一笑了之的错误，却不知为何，微妙地盘桓心底，挥之不去。像这样的情况请一定多加注意。

对这位头痛的女性来说，不论如何，也不可能对母亲发怒。然而事实是，只是意识到了这种愤怒，她的头痛就不治而愈了。

用那位医生的话来说，她过于憎恨自己的愤怒，以至于禁止自己意识到愤怒。“She hates her anger so much that she suppresses any consciousness of it.”

她没有意识到愤怒，因为她认为对父母愤怒是错的。可事实上，她的潜意识正在对母亲愤怒，因此才会头痛。

当然了，并不是说头痛的人都压抑了愤怒。不过，如果你像这位女性一样，连医生也找不出身体上的原因，仍然为头痛所苦的话，大概就需要反思一下自己了。

如果你正承受着躯体上的痛苦，却找不到医学上的病因的话，也许就该先来反思一下，你是不是把真实的情感和自己隔离了。

不要输给虚假的道德及规范

为强烈的自卑感所困扰的人也是一样，他们把愤怒的情感和自己隔离了。**自卑感不应该靠着夸示自己的优秀来消除，而是应该通过和自己内心深处的真实情感积极接触来消除。**

对有着强烈的自卑感、有神经症倾向的人来说，阻碍他们与自己的真实情感接触的，就是罪恶感。憎恨父母及兄弟姐妹，这通常会伴随着罪恶感。因此，他们会尽量避免与内心深处的敌意接触。即便被人嘲弄、被人玩弄、被人侮辱、被人伤害，还要努力说服自己对方是一个好人，这都是因为憎恨会伴随着罪恶感。

我们需要仔细地想一想，因为他们是哥哥、是姐姐，所以就可以强硬地提要求了吗？你自己从来都没有“因为是兄弟”就提出什么不当的要求吧？“因为是父子”“因为是兄弟”，这些都只不过是把日常的伤害合理化的借口而已。

他们从来也没有因为是父子、因为是兄弟姐妹，而真正关心过你。他们会用“因为我们是姐妹啦”的理由来让你出钱，可一次也没有“因为我们是姐妹啦”就给你钱应急，对吧？

他们会说“因为是父子（兄弟），所以你要照顾我”；可反过来，一次也没说过“因为是父子（兄弟），所以我来照顾你”吧？因为是父子，因为是姐妹，所以你赚来的钱要存在他们名下；可他们从来也没说过“因为是父子，因为是同胞手足，所以这笔财产就写在你名下”吧？

所谓“因为是父子”，所谓“因为是同胞手足”，这些话除了把在精神和肉体上压迫你的行为正当化以外，没有任何作用。

如果你真的像你所相信的那样，在饱含温情的人的爱护下长大的话，那为什么如今你会被生存的不安与恐惧威胁？为什么对你来说，夜晚从不是平静安详的呢？

为什么多数人能够在白天很活跃，在夜晚安心入睡，可对你来说，白天就好像被什么追赶着一般总是十分焦虑，到了夜晚又害怕黑暗呢？为什么多数人可以和朋友们一起生活，共享生命中的苦乐，可你却连一个亲近的人都没有？同为人类，你和旁人为什么会有如此大的差别？

神经症患者要从神经症中走出来，心理健康的人的道德观也是障碍之一。关于这一点，我在其他书里也写过了。

人们对身体上患病的人，就不会犯同样的错误。比方说，高烧39摄氏度的人，我们不会让他去跑步，也不会跟他说“游个泳很舒服哟，你也过来游一会儿吧”。也就是说，当人的身体不舒服时，我们知道，为了让他早日康复，不能让他和健康人做一样的事。

然而对于心理上生了病的人，很多人却会犯这种错误。最典型的，就是对抑郁症患者加以激励。

憎恨父母、憎恨同胞兄弟，这对于心理健康的人来说是不可理喻的，甚至是不可饶恕的，他们可能还要去教导这些人懂得爱、感恩与尊敬。但是，这些被教导的人是怎样被父母及同胞兄弟欺负的，是怎样被他们侮辱的，受到了什么样的伤害，这些都是心理健康的人无法想象的。

靠着人类贫乏的想象力，是无法理解这些的。从统计上来说，白天活跃、夜晚能睡个安稳觉的人占多数，而白天焦虑、夜晚担惊受怕的人只占少数。遗憾的是，这些完全不同的人却被同一种道德及规范束缚，这样的话，心理生了病的人就永远也别想再重新站起来了。

因此，心理患病的人才会害怕和自己真实的情感接触。虽然在内心深处存在着对父母及同胞的愤怒，却无法坦然地正视这一点。

我认识的人里，有一个身心都非常健康的企业家。有一次，我们边喝酒边聊起了父亲的话题。他说，他简直想把自己老爹的墓碑掀翻，把他的骨头挖出来敲个粉碎。准确说来，我已经不记得他当时到底说过些什么话了，但他满腔愤怒的样子却一直深深刻印在我的脑海里。

这位企业家朋友曾患失眠症，不过，现在已经不管在哪儿都能睡着了。工作繁忙的关系，他没办法睡懒觉，但是白天哪怕有个十分钟或者二十分钟，他都会在地上铺上瓦楞纸，在旁边工厂机器的噪声的陪伴下呼呼入睡。尽管他已经很忙了，可还有很多爱好，兴趣广泛，也喜欢读书。

现在的他，是这么有生命力地活着，充分感受着生的喜悦。然而，如果他从未意识到自己心底的愤怒的话，人生恐怕会是另一番枯燥无味的光景吧。

我们不能输给虚假的罪恶感。**这并不是罪恶与良心的问题，而是真实存在的问题。**你的内心深处的的确确对身边的人存有敌意，如果是这样的话，我只能说，你必须意识到这种敌意，越早越好。而且，你也要顺便记住，那些卑劣的人是真的会压榨自己身边的人的。

最后让我们再来重复一遍。心理健康的人的道德及规范，对心理不健康的人来说，不过是将压榨他们的行为合理化的借口。卑劣的人会以道德和规范为武器，从身心两方面压榨弱者。毕竟，想要阻止反抗，没有比“道德”更顺手的东西了。他们向对方强行施加罪恶感，来达到利己的目的。对这些人来说，自私自利是不被允许的，但这个规则只适用于他人，不适用于自己。最根本的一点就在于，他们根本没把你当作同等的人类看待，只是把你当作容易控制的存在而看扁你。

Chapter.04

生活态度才是问题所在

有些人，一旦计划有变，哪怕只是和预定的时间岔开一小时，就会烦躁得不行。不，甚至都用不了一小时，就算是三十分钟，他们也会变成那样。甚至有时候只是五分钟、十分钟，他们都会烦躁不安，甚至暴怒。

只打算休息三十分钟来着，只打算游一个小时泳来着，原本只计划看十分钟的美丽景色来着……这些计划总会因为这样那样的原因无法实现，这就让他们整个人都十分难受。哪怕只是晚五分钟出发，他们都会特别不满。又或者说，某一天，他们本来是打算要看书的，结果家人的朋友来访，就看不了书了。这种时候，他们会非常恼火。

其实，这些人并不是因为这仅仅五分钟的误差才不满的，也不是因为这一天的生活方式和计划中的不一样才不高兴的。

事实是，这些人的生活态度出了根本性的差错。如果用驾车旅行来比喻的话，他们并不是走错了路，而是一开始就把方向搞错了。一切事情，如果不能按照自己的期待发展，就会烦躁不安。这并不是因为没按自己的期待发展而导致事态变得奇怪，而是因为他们的整体人生态度很奇怪。

罗洛·梅曾经以自己的真实人生经历写过一本书。他二十一岁的时候，去希腊做了英语教师。那段日子里，他要面对寂寞等许多心理上的困境。为了缓解寂寞，罗洛·梅拼命地工作。然而越是努力，越是当不成好教师——结果，他患上了神经衰弱。

罗洛·梅在书中写道，这件事警醒了他，让他意识到自己的人生态度出了差错。

“…something was wrong with my whole way of life.”

有时候，并不是哪个地方出了问题，而是整体的生活态度出了差错。

只是走错路，迟到十分钟，有的人就会焦虑、愤怒。如果是自己的恋人开车，他们就会使劲埋怨恋人，甚至会大声责骂对方。发火的人会误以为自己是因为恋人出了错才责骂他的，可事实并非如此，他们之所以发火，是因为自己整体的生活态度出了错，与恋人无关。

谁也不愿意走错路，谁也不愿意迟到，哪怕只是十分钟。但事已至此，也是没办法的，谁也不是为了犯错而去犯错的。

更何况，那十分钟并不是决定性的十分钟，不是晚了十分钟就搭不上飞机之类的麻烦事，只不过是晚了十分钟到公园而已。只为这样微不足道的十分钟，就对身边的人大发雷霆，其实发火的真正原因并不在于那“十分钟”。

那“十分钟”只不过是心中压抑着的愤怒与失望爆发的导火索而已。愤怒的原因并不是那短短十分钟路程的错误，而是自己人生的目的、对人生的看法、对人生的感受出了问题。

然而发火的人却深信自己的愤怒与不满是有正当理由的，认为都是其他人的错。

有这么一个主妇，丈夫约了公司里的人一起打高尔夫球，她为了开车送丈夫去球场，在前一天还特意开车到那附近转了一圈。

出发当天，道路非常顺畅，只是到了高尔夫球场附近时，妻子稍微走错了一点路，但这点小错完全不成问题，很快他们就回到正确的路上去了。时间还很充足，甚至他们恐怕还会到得太早。

可是，就因为这两三分钟，不，大概只有一分钟吧，丈夫却暴怒了。他愤怒的程度已经脱离了常规，甚至最后动手打了正在开车的妻子。

用丈夫的话来说，这次是跟工作伙伴打高尔夫球，非常重要。妻子竟然会走错路，简直是太松懈，太不当回事了。

这件事之前，也总是发生同样的事。妻子觉得没办法再和他一起生活下去了，打电话向我咨询。用一句话来说，就是这位丈夫患有神经症。对普通人来说不值一提的小小失误，对他来说却是无法宽恕的。

问题所在并不是那个失误，而是他整体的生活态度。

当罗洛·梅觉得自己人生的态度出了根本性的问题时，他就主动去寻觅新的人生目标，避免过于严格、刻板地看待一切，努力改变拘泥于规则意识的自己。

“I had to find some new goals and purposes for my living and to relinquish my moralistic, somewhat rigid way of existence.”

同样地，那位丈夫也必须像罗洛·梅那样改变才行。

那位丈夫觉得妻子太不尽心，觉得她给自己添了太多麻烦，觉得她必须改变，觉得她是因为太不了解社会的严酷才这么懈怠。

实际上，必须改变的并不是妻子，而是他自己的生活态度、感受方式和思考方式。他若能够改变自己关心的内容，完全可以更安乐地活着。

对这位丈夫来说，早晨凉爽清新的空气根本没有任何意义。不对，他应该根本察觉不到空气的清爽吧。有只小鸟在歌唱，天空也很蓝，这些美好的事物他恐怕完全感受不到。

能不能按照预定计划分秒不差地到达高尔夫球场，同事们会不会对自己有恶评，今天能不能打出像样的成绩来，他所关心的就只是这些而已。对他来说，根本不可能注意到除此以外的事情。

如果他能稍微改变一下所关心的事物的话，就不会如此烦躁和暴怒了吧。他对自己妻子的要求，完全是病态的要求。

隐藏了的撒娇欲会让人变得难以相处

病态的欲求很难被满足。这些欲望恰恰就和婴幼儿的要求类似，只是对象是小孩子的话，还可以糊弄过去，或者哄一哄也就算了。成年人可就没办法糊弄过去了，也不像小孩子那么好哄。

顺便说一句，自从在广播节目里接听咨询电话以后，我才知道原来世界上的妻子们竟是如此地被丈夫们的病态要求折磨着，实在是让人非常震惊。

总而言之，那些都是丈夫们任性的体现。

自己想做的事，如果大家不附和的话，立刻就会生气。比方说，全家人去短途旅行，到达目的地之后，做丈夫的想出去散步。这时候全家人要是不赶紧回答“就这么办吧，我们出去散步”，他立刻就觉得很不爽。不管是妻子也好，孩子也好，如果有人说“先在房间里休息一会儿吧，难得环境这么舒适”，他一定会拉下脸来生闷气。这么一来，全家人一整天都过得很不愉快。大家都搞不清楚到底是为了什么要一起出来旅行的了。

仔细想来，**所谓任性的病态的要求，就是小孩子般的要求。**孩子就是这样，希望去做某件事的时候，如果大家不“好啊好啊”地立刻表示赞同的话，马上就嘟起嘴来了。比如说，自己想去河边钓鱼，有人却说咱们去海里游泳吧，于是想钓鱼的人马上就生气了。

对于小孩子来说，任性地提要求是顺理成章的事情。如果不能按照自己的想法去做，会生气也是理所当然的。

长大成人之后还会任性地提要求，搞得身边的人苦不堪言的人，他们的撒娇欲也许从未得到过满足。他们的成长过程中，这种理所应当的任性行为从未被接纳过。

被压抑了的撒娇欲是神经症的一大病因。成年后，像小孩子一样直接地表达撒娇欲会让人觉得很丢脸、很羞耻，所以不管是对自己还是对他人，人们都会隐藏起这种欲望。而撒娇欲总会以间接的形式表现出来，那就是病态的要求。

这种情况并不单亚洲有，在欧美国家也是一样。我们前面说过的《聪明女人笨选择》，就提到过相关的案例。这本书的说法是，近年来，越来越多的女性试图对自己和他人隐藏这种欲望。

“Many women, particularly in recent years, have learned to conceal dependency needs from themselves and others.”

人一旦长大，自然会觉得自己有撒娇欲很丢脸。然而丢脸归丢脸，切实存在的东西并不会凭空消失。这种时候，成年人会想尽办法将之合理化，让原本存在的东西看起来好似不存在一样。

刚才提到的那位和家人一起旅行的丈夫就是这样。家人不和他一起散步他就不高兴，不肯说话了。这很明显是撒娇欲没有得到满足，只是他本人却不会承认。

他如何将自己的行为合理化呢？

可能他会说，自己因为连日来的艰辛工作已经很疲倦了，希望借这次机会，尽可能地忘掉工作上的烦心事，减少点压力。但实际上，这些理由和散步这种特定的行为之间根本没有任何关联。

或者他会说“我明明忙得要死，好不容易带你们到这么好的地方来玩儿，你们却要闷在房间里”，像这样说些施恩图报的话。这种言论升级的话，就会变成“你们根本就不懂得社会的严酷”等。

正是因为他不能像小孩子一样直接承认自己的欲望和不满，所以会把自己的要求合理化。因此，即便对他提出异议也没有用，因为他所说的话，并没有表现出他真实的想法，一旦开始争辩就会纠缠不休。如果通过争辩，彼此能够解释清楚自己的看法，同时又能理解对方的话，就算吵到深夜也无所谓，可问题是双方都无法接受对方的意见。

事情会变成这样，根源在于这位丈夫的内心深处也无法接受自己提出来的意见。只要他仍在隐藏真实的自己，那么不管围绕这个话题谈多久，他都没办法打心底里接受家人的解释。

再比如说，如果当时妻子说“我们有点累了，你一个人去散步吧”，结果又会怎样呢？

听起来，这个办法能让彼此都按照自己的意愿行动了。事实上，这会再一次激怒丈夫，让他生气。

为什么会生气呢？这是因为做丈夫的没法说出自己真正的不满。“我要和你们一起去，我不要一个人去。”这话怎么也说不出口，他只能以施恩图报的姿态，说些“我好不容易带你们来”之类的话。吵到最后，就变成“我真是太为你们着想了”。

这位丈夫也许真的这样想。会变成这样，是他的依赖心理在作怪。

一个人做什么都觉得没意思，这位丈夫和小孩子一样，他想说的话和小孩子口中的“妈妈，我们一起去吧”一样。然而，他却无法承认自己的依赖心理，只会用对家人的爱或者别的什么乱七八糟的理由来辩解。

有病态要求的人都有依赖心理。正因为这样，他们才让人觉得不好相处。这其实也与我刚才提到的压抑撒娇欲会导致神经症是一样的道理。

吞噬家人心灵的父亲

患神经症的人不会老老实实地承认自己的依赖心理，而是用各种各样的方式将之正当化。即是说，**他们会指责对方，与此同时，又需要对方。**

心理健康的人则会认为，既然老是那么激烈地指责对方，那还不如和对方分手算了呢。

然而患神经症的人即使总在批评、非难对方，也仍要和对方在一起。这是因为他们所非难的正是自己心理上依赖的对象，是可以满足自己撒娇欲的人。

之所以如此不满，只不过是因为自己的撒娇欲没有得到满足而已。正因为如此，不管他们多么严苛地指责对方，都没办法离开对方。

像我之前提到的那种有着病态要求的丈夫，对于他的家人来说，实在是难以忍受的。

为什么这么说呢？对这位丈夫来说，所谓家人，完全是为了满足自己的撒娇欲而存在的。他自己却无法承认这一点，反而会将这种撒娇欲当作对家人的爱。对他来说，这不是狡辩，而是真的是那样认为的。

正因为他自己一个人什么也做不来，所以才和家人一道去旅行。从出发的那一刻起，这次旅行就已经成为撒娇欲满足之旅了。这次旅行中的所有安排，也都是为了满足他的撒娇欲而存在的。他之所以无法离开家人，并不是因为对家人的爱，而是因为对家人的心理上的依赖。

小孩子是这样的。如果妈妈没有满足他的愿望，他就会缠住妈妈不放，不断责怪妈妈。可是，如果要把这孩子从妈妈身边带走，他又会紧紧抱住妈妈不放。

英语里有这样一个单词，“nag”，意思是唠唠叨叨满嘴怨言的样子。“a nagging wife”是指总在发牢骚的妻子。而我刚刚所描述的，总是责怪妈妈，同时又紧紧抓住妈妈不放的儿童的行为，英语里就叫作“dependency-nagging”。

不过，这个词不仅仅是用来描述小孩子的。当了父亲的大人中间，也有不少人是“dependency-nagging”的人。小孩子对母亲“dependency-nagging”还可以理解，可作为家庭的顶梁柱的父亲也对家人“dependency-nagging”的话，家人可就惨了。

很多家庭因此饱尝地狱之苦。和小孩子不同，父亲拥有很强的力量，一旦情绪爆发的话是非常可怕的。此外，他们还会给自己的行为披上社会、道德、爱情等外衣，不停地追击到他人的心底进行责难。这就好像是将家人的内心粗暴地吞噬殆尽一样。猛兽狼吞虎咽地咬噬猎物，在英语中写作“devour”。一家之主的这种依赖性的责骂，就等于是要将家人的心灵“devour”掉，全都吃光。

更为悲剧的是，就像猛兽要把猎物的肉全都吃光才能满足一样，这些父亲也必须把家人的心灵全部吃光才能解决内心的纠结。

这家人简直是为了治疗父亲的神经症而被牺牲掉了。但如果父亲在外是很可靠的人的话，外人又会觉得“明明是那么好的一个父亲嘛”，反倒认为是他的家人不正常，以非难的眼光看待他的家人。就这样，**因心灵的每一个碎片都被吞噬干净而患上神经症的孩子，却被放在了坏人的位置上。**

像是猛兽只会吃掉最美味的猎物一般，并不是所有的孩子都会成为父亲的食物，被吃掉的，是那些最美味的猎物。

那些特别听话、老实的好孩子，就是“最美味的猎物”。最极端的情况下，他们甚至会自杀。到那时父亲又会怎么说呢？“我完全想不出来他为什么要这么做。”旁人甚至会说：“他的成长环境太好啦，一点抵抗力都没有。”

职业的缘故，我比一般人更多地接触到这样的人，曾经遇到过好几个这样的案例。每当这种时候，我真想对着那些说着“我完全想不出来他为什么要这么做”的家人大吼：“就是你们把这孩子杀死的！”然而，他们是绝对不可能理解这句话的。我也唯有在心中，暗暗双手合十。

这样的事件同样会被媒体错误地解读，就像刚才我提过的那些旁人的说法一样。每当这种时候，我也真想对着那些新闻主播大吼：“我拜托你了！你也给我稍微有点知识好不好！”

在这个世界上，人们常会把那些来自地狱的使者误认为是充满爱心的人；而那些来自地狱的使者，也以为自己就是充满爱心的人。明明自己亲手把家人推入了地狱，可还觉得全世界再没有比自己更爱家人的人了。这样的人，真的存在。

依赖与爱，就是这么容易被混淆。

每一对离了婚的父母，都会觉得自己不称职，会反省自己，甚至觉得自己已经失去为人父母的资格了吧？不过，请一定记住，最坏的父母反而是那些折磨着孩子却绝对不肯离婚的父母。

坦承欲求，才是成熟

唯有满足了撒娇欲的人，才有可能接纳他人的自由。压抑了撒娇欲的人，则会以“自由”的名义束缚他人。只有撒娇欲被满足了，他人的言行才不会给自己的心理带来过多的影响。

压抑着撒娇欲的人，心理的稳定与否全看他人的言行。容易受到伤害的人，基本上都是欲求不满的人。我说容易受伤的人的自我评价低，也是同样的道理。

小时候的撒娇欲若是没有得到满足，对于当时幼小的自己来说，就是被别人拒绝了。这样一来，自我评价当然会降低。

压抑了撒娇欲的人是容易受伤的，自我评价低的人是容易受伤的，从内容来讲，这两者并不矛盾。

撒娇欲绝不是什么不好的东西，而是天性使然，自然产生的。就像我们每个人都要上厕所一样。我们没必要总是在人前说“我刚刚去厕所了”，撒娇欲也是如此。我们没必要总在别人面前表露出“我有撒娇欲”的样子来。不过，因此就认为自己没有撒娇欲，也是错误的。

如果我们心中存有撒娇欲，不妨老老实实地承认这种欲望，而不是给自己的欲求不满戴上堂皇的假面具，用工作艰辛或者别的什么歪理来将之合理化。

如果你发现自己有病态的要求，不妨反思“原来我是像小孩子一样在撒娇啊”。有时候，你只需要坦诚面对自己内心的撒娇欲，就能够从害人害己的不满状态里解脱出来。**正确地理解自己的欲望，会带来意想不到的巨大改变。**

请允许我再重复一遍，撒娇欲绝对不是坏的，而是自然而然出现的。认为撒娇欲是坏的，并因此非难你的人，就像禁止你去上厕所的人一样不可理喻。

这个世界上，既有撒娇欲在儿时就得到满足的幸运儿，也有得不到满足的不幸的人；既有顺利达成情绪成熟的人，也有历尽千辛万苦才终于在情绪上达到成熟的人。这是每个人的出生、成长的环境不同的结果。

如果不幸地，你的撒娇欲没有得到满足，那么请坦率地承认这一点，并且思考怎样才能让自己得到满足。这才是成熟的做法。如果你仍然想方设法地将自己的这种欲望合理化，那么永远也不可能成为真正的成年人，终此一生都会在神经症中度过。

每个人都需要属于自己的“秘密基地”

很多男人讨厌被妻子问“今天几点回来”，一被这么问，马上就觉得满心不痛快。所谓心里不痛快，正是他们不肯正视自身的欲求不满的体现。

这种情况的出现，恐怕也是出于一种很简单的逻辑。在自我开始觉醒的青年期，谁都想有自己的房间。若是母亲擅自进入他的房间，他甚至会勃然大怒。虽然没写什么不能给人看的东西，可若是别人看到了他的日记，他还是会暴怒。这是因为，即便仅仅是这样的小事，都会让人感到自己的世界被他人侵入了。

不管有没有不可告人的内容，只是为了拥有属于自己的世界，人就必须有秘密，也就是除了自己以外谁也不知道的事。

如果这个世界已经搭建牢固，那么不管别人追问些什么，都不会让自己感到威胁。不过，在刚刚开始拥有秘密的时候，这个世界是极其不稳固的，哪怕别人稍微追问一点什么，都会让人觉得自己的世界受到了威胁，内心满是不快。

丈夫被问到“今天几点回来”的时候，内心真正的声音是“别问我这些，烦死了”。可他自己也明白，妻子是为了准备晚饭才问的，“烦死了”三个字说不出口，只好满心不痛快地说“七点回来”。

妻子问起自己几点回家，完全不是什么值得烦心的事，也绝对没有什么错误，因此丈夫没办法对她说“烦死了”。当然，有时候他可能会说些“一旦忙起来，哪知道几点能回来”之类装模作样的话。

这和小孩子想要拥有秘密基地是一样的。有些孩子很幸运，母亲会呵护他们的内心世界，不触碰他们的秘密基地；可有些孩子有个“不许有秘密”的母亲，在心理被任意践踏的环境里长大。

对孩子想要拥有秘密基地的心理加以呵护的母亲，会帮助孩子成长；反过来，另一种母亲只会妨碍孩子的成长。

在“不许有秘密”的环境中长大的人，即使长大成人了，被问到“今天几点回来”的时候，还会觉得在被人责问自己的秘密，再次体验到童年时曾经体验过的罪责感。

若是小孩子的话，这种时候大可以抗议道："不许问！"如果觉得问题很无聊，也可以说："干吗问这个啊！"以此来反抗。

可是人长到三十岁、四十岁，不好再说这种不成体统的话了。然而，**小时候的心理世界没有得到尊重的人，会把小时候的那种情绪带到成人的世界。**他们内心的声音和小时候是一样的，仍然是："问什么问啊，混蛋！"

尽管如此，他们却不想承认自己如此幼稚，会扯上"你对我干涉得太多了""男人一旦出门就总有这样那样的事情要做"之类的理由。

这些全都是借口。通常来讲，任何妻子在问"你几点回来"的时候，都不会认死理儿地认为丈夫一定会准时回来。做妻子的心里也都明白，公司里有可能会突然出点什么事，丈夫就得晚回家。所以说，妻子通常是因为要准备晚饭，怎么也得先问问丈夫大约几点回家，如此而已。丈夫就算没有在他说的那个时间回来，通常也不会因此被责怪。其实做丈夫的也明白这些。不过，明白归明白，内心还是会不由自主地觉得不痛快。

那些连你自己都说不明白缘由的情感，基本上都是一种信号：你是不是无视了某些最根本的欲望。

莫名其妙地觉得心里不痛快，是因为你把什么欲望隐藏起来了。而在被隐藏的欲望里，最常见的，就是幼稚性的欲望。

问孩子“喜欢妈妈吗”的母亲是最差劲的

人们常会有“秘密是不好的”这种印象，实际上，这种被限定了的感受，对人的成长是有许多害处的。

“我家的孩子和别人家的不一样，真是没有秘密的好孩子。”为此而骄傲的家长是支配型家长。他们不会把孩子拥有秘密看作孩子的成长，而是看作对自己的忤逆。被这样的家长养育成人，孩子会对“拥有自己的世界”抱有罪责感。

再没有比这更能阻碍人类成长的了。这会让人既不能独立地拥有任何兴趣，也不能独立地去做任何事情，并达成自我满足。

在父母看不到的地方的所作所为，也必须向他们一一报告才行。这么一来，支配型的父母又会因为“我家的孩子在外面干了什么全都会告诉我”而得意扬扬。这种父母就是我在前面说过了的，具有隐藏的依赖性的父母。

这些具有隐藏着的依赖性的父母，不把孩子的一切都牢牢掌控的话，就会觉得不安。因此，他们会试图强制性地对孩子进行管理。

我前面讲的美国畅销书《聪明女人笨选择》里有这样的一番话：

"Dependency need behind another disguise, the excessive compulsion to control a relationship."

依赖性会戴上许许多多的假面具，将自己隐藏起来。其中之一，就是这种强制性的管理。

特别是对孩子的管理，美其名曰是家长的保护及责任。具有依赖性的父母正是以此为借口，对孩子实行彻底的管理，不允许他们有任何秘密。

能够认识到自己的依赖性的父母还好，像上面所说的这种隐藏的依赖性才是问题所在。为了间接地满足自己的依赖性，他们对孩子的控制是非常可怕的。哪怕是鸡毛蒜皮的小事，如果没有向父母报告，孩子就成了有秘密的坏孩子。一切可能促使孩子自立的萌芽都被他们冠以恶名，并将之拔除；而孩子自身也会对所有自立的萌芽感到有罪恶感。

如果不对孩子进行彻头彻尾的管理，父母就觉得不安。这就是"compulsion"的意思。三点钟学校放学，走得快点的话，三点二十五分就能到家。现在已经是三点三十一分了，没有理由出现这空白的六分钟……这是一种非常可怕的控制。

孩子也是一样，在外的这一整天的每一分钟如果不能好好说明的话，都会有罪恶感。

“excessive”的意思是“过度的”，或“太甚的”，或“极端的”。光是“强制性的”，就已经令人害怕到浑身发冷了，更何况还要在“强制性的”前面加上“过度的”呢？

“the excessive compulsion to control a relationship”是一句非常可怕的话。这种人就真实地存在于我们的世界当中。

这种父母，如果不经常确认一下孩子是忠诚于自己的，就心绪难平。如果不经常确认一下孩子是没有秘密的，就坐立不安。

这种人的恋人，基本上都会逃走的，会因他们的嫉妒和多疑而惨叫着逃开。还有，要是有这么一位上司的话，下属就得叫苦不迭地去买醉了吧，然后默默等待自己或者上司被调走的那一天。

然而，如果是父母和子女，就没办法逃走。孩子不可能像上了班的人那样有人事调动。反过来，父母还会给他们增加负担。

尼尔所说的“会问‘喜欢妈妈吗’的母亲是最差劲的母亲”，大概指的就是这种管理型的多疑的母亲吧。之所以说她们差劲，是因为她们并没有察觉到自己这种根深蒂固的依赖心理，总是反复让孩子说出“喜欢妈妈”，否则就不安心。之所以会这样，是因为她们那深深隐藏着的依赖心理。她们总要强迫对方展现出爱。

特意把英语原文写出来，是因为我觉得这段话实在太值得我们好好记住。这段话生动地说明了压抑着的依赖性对周围人有多么大的杀伤力。

原文描述的其实是男女关系，但男女的关系是平等的，我前面也说过了，人是可以从这种关系中逃离的，也不会被对方在心中植入罪恶感。

我刚刚也说过了，如果是亲子关系，人就会对内心出现的自立的萌芽产生罪恶感。而且，总是被要求展示忠诚及爱，会让人觉得如果不这样做的话，就将不再被信任。

就因为这种父母，孩子一再体会到这种“自己不被信赖”的感受，成长为必须不断地找借口的人。

越是对自己失望，越会变得多疑

多疑的人同样是压抑了依赖性的人。即便从小就总是遭人背叛，人也未必百分之百会变得多疑；即便在良好的社会环境里长大，有些人也会变得多疑。这是多疑源于依赖性的压抑的最好证据。

隐藏了依赖性的人，对爱感到欲求不满的人，他们的内心深处恐怕对自己都是失望的。因为，**他们在成长过程中“学到”了“自己是没用的”这种感受。**

所以这样的妈妈总是要问“喜欢妈妈吗”这样的问题，听不到孩子说出“喜欢”就会觉得不安。要求孩子忠诚的管理型父亲也是一样。正是因为他们在内心深处对自己很失望，才需要让孩子时时表现出对自己的忠诚，否则就不能安心。

人若是能发自内心地信赖自己，就不需要总是勉强别人展现忠诚，也不需要时时期盼着别人刻意表达爱。正是因为打心底里对自己很失望，才不知不觉地多疑起来。

隐藏的依赖性、未被满足的爱的欲求、内心深处对自己的失望，这些驱使着他们提出病态的要求。

对自己失望，才会要求别人尊敬自己。越是对自己失望，就越是想要得到别人的尊重。也就是说，这些人的要求是矛盾的。

他们一方面希望别人把自己当作成年人来尊敬，另一方面又希望别人能满足自己的依赖性。他们想要被“哄着”，还必须在不被自己发现的基础上被“哄着”。哄小孩已经是件挺困难的事了，要哄这些隐藏了依赖性的成年人更是难上加难。

如果双方都具有隐藏的依赖性的话，往往会彼此伤害。他们打心底里对自己很失望，而彼此都将这种对自己的失望感隐藏了起来。

这种情况下，他们一开始在表面上都很尊敬对方，愿意努力讨对方的欢心。同时，被对方尊敬、讨好，也会让他们很高兴，彼此间的距离也会迅速接近。不过，双方内心的依赖性和失望感仍然隐藏着。彼此越是接近，越能逐渐无意识地感觉到对方心里无意识的那些部分。

这些对自己失望的人虽然表面上会迎合对方，可时不时地会有偷偷报复他人的欲望，想让他人也和自己一样有失望感。

对自己失望的人、隐藏依赖性的人，不管他们口头上怎么说，其实都没办法真正体贴地对待他人。就算他们很努力地在意识水平上关心他人，可在无意识的水平上，仍然会试图伤害对方。

那些被隐藏起来的依赖性，最终一定会被对方感觉到，这对对方来说就是极大的心理负担。

我认识一位异常漂亮的职业女性，也常常被周围的人奉承、讨好，可她就是没办法和男性保持长期的亲密关系。

男人只要和她交往一段时间，就会感到压力很大。这位女性对爱情的欲求非常强烈，却不自觉地隐藏了起来。然而不管这种欲望被隐藏得如何完美，男人和她在一起时，仍会感到在不停地被要求着，以致感到窒息。

这种就是会让男人变得性无能的女人。面对男性的时候，这些隐藏了依赖性的女人不会把真正的自我暴露出来，不管是对自己还是对对方，都会将依赖性隐藏起来。而恰恰因为依赖性被隐藏了，她们反而要去支配男性。这种女性，没有办法安心地与男性在一起。

这种女性本身非常害怕会被男性拒绝，因此，反而会更过分地要求男性、支配男性。她们通过支配性的行为，来消除可能会被拒绝的不安。

无意识的交流决定你的人际关系

亲子关系中也是一样，支配型的父母往往隐藏了对孩子的依赖性。不仅如此，职场上那些支配型的上司也往往是对自己、对他人隐藏了依赖性的。

人类的无意识真的是很可怕的东西。无意识中所了解的东西，早已超乎了我们的想象。同样具有隐藏的依赖性的两个人，会在无意识的水平上进行诸多交流，而这种交流与意识水平上的交流完全不同。

有时在意识的水平上，不管彼此对对方多贴心，相处都不会顺利。之所以会这样，是因为我们没有发现彼此在无意识水平上的交流是什么样的。

具有隐藏的依赖性的女性，虽然嘴上会说："按照你的想法去做就好啦！"可对方还是会感觉到压力。这是因为在无意识的水平上，她是在说："再多看看我，再对我更好些，再让我更满足些，再多了解我些，再多爱惜我些，再多想想我并且只想着我。”她们在呐喊着：“不能对其他人好，要更好地满足我的欲望，要成为我的奴隶。”所有这些，对方的无意识都听得见。小孩子会对母亲提许多的要求，会对母亲撒娇，如果母亲没有按照期待的那样对待自己的话，就会缠着母亲不放。

这种女性与男性之间无意识水平的交流，就和小孩子与母亲之间的交流一样。那种吵闹的、磨人的、让人毫无办法的孩子与母亲之间的交流，就是这两位成年人的无意识层面上的交流。就像小孩子不满时会埋怨母亲一样，这种女性也在无意识的水平上埋怨着男人。

如果男性的心理成熟到如同母亲一样的话倒也还罢了，如果并非如此，双方的关系难免发生龃龉。要是男性也有隐藏的依赖性的话，两人的关系自然就更复杂化、更恶化了。

男性如果也有着被隐藏的依赖性，就会因对方的埋怨而受伤。这是因为他的内心深处有一种无力感，会去迎合对方，希望靠着满足对方的依赖性要求来维持彼此的关系。

如此一来，隐藏了依赖性的两个人，尽管关系已经很恶劣了，却还分不了手，一方面伤害对方，一方面又想要依赖对方。症结就在于既互相伤害，又希望对方能喜欢自己。他们渴望被对方喜爱，所以就算在心里责难对方，也还是不能放手。

如果对爱情的欲求已经得到满足，他们根本不会那么想要得到对方的爱。正是因为对爱情的欲求没有得到满足，所以他们只能通过满足对方的病态的要求来取悦对方，并希望得到对方的尊敬和爱。正因为这样，所以他们不管怎么被人瞧不起，都无法离开对方。

如果关系一味恶化，就那样走向分手的话，他们会感到自己失去了对方。对他们来说，再没有比这更痛苦的事了。他们会牢牢抓住对方不放，哪怕这会让自己变得一无是处。

关系恶化之后，就算为了自己，越是难以离开对方，越是需要从对方身边逃开。你和对方在无意识水平上发生的一切，已经超出了意识所能控制的范围。单是无论如何也不能融洽相处这一点，你就该意识到彼此在无意识的水平上正在发生着什么。**关系的恶化，是两人在无意识水平上交流的结果。**

Chapter.05

那些意义重大的“无聊小事”

人类并非多么完美的存在，我们必须承认，一些无聊的小事在我们的心理上往往有着重大的意义。

小孩子会说，我不要吃 A 店的汉堡包，我要吃 B 店的。大人会说，去哪里吃都一样啦。事实确实如此，去哪一家没有什么大不了的区别，确实是“去哪里吃都一样”的小事。

然而在心理上，这种“去哪里吃都一样”就变成“去哪里吃并不一样”了。要是大人非让小孩子吃 A 店的汉堡包的话，他会很不高兴、大吵大闹。

不过，小孩子在这种时候可以生气吵闹，成年人却不能因为这种小事就大吵大闹了。虽然说这种“去哪里吃都一样”和自己原本设想的不同，可要是因此发火的话也未免太不成体统了，也就没办法发火。实际上，就算是成年人也会因为这种小事产生愤怒或是悲伤的情绪。

走哪条路都差不了五分钟。这种时候，因为不走“这条路”而生气的成年人未免也太奇怪了。同样的情况下，如果是孩子的话，不走自己想走的这条路就会生气、发火，噘起嘴来不停地抱怨，甚至有时会难缠得让父母毫无办法。

事实上，即使是成年人，即便只是这种小事，与自己的期待不一样时，内心也往往会像小孩子一样愤怒。当然，情绪上成熟的成人就另当别论了，他们的内心可以把这种“去哪里吃都一样”的事当作“去哪里吃都一样”的事来处理。但是，多数的成年人和孩子一样，情绪上还没有成熟。

有的人就和三岁的孩子一样，有的人就和七岁的孩子一样，有的人就和九岁的孩子一样。然而几岁的孩子可以因为“小事”不顺心而发火，但三十岁的大人却不能那样。

很多成年人都不明白自己到底是为什么如此不快。有不少人前来咨询，就是因为连自己也搞不懂为什么自己在家里会一下子就变得心里不痛快了。对于这样的来访者，我会叫他们好好观察一下小孩子都是因为什么事而生气、抱怨的。

某个六岁的孩子想要靠自己的力量打开一扇门，于是他走到那扇门前，谁知就在这时，这扇门却被别人打开了。除了这个小朋友自己以外，谁也不知道他想去开那扇门，然而他还是会当场生起气来：“干吗要打开啊！”如果开门的人是他的父母的话，更会对父母发火。

要是能够理解他人心情的父母的话，这时就会对着六岁的孩子说："对不起，对不起，我不知道啦，下回一定让你开啊。"然而如果是情绪未成熟的父母的话，反而会对孩子生气这件事本身发火。

总而言之，对于小孩子来说，这绝对不是"不过是扇门嘛，谁开不是一样啊"一般的小事。自己想要开的那扇门，到底是自己打开的，还是被其他什么人打开的，这是非常重大的问题。如果门上还有一把很难开的锁的话，就更是如此了。

相对地，成年人可不能为这种无关紧要的小事生气了。与其说是因为不成体统所以不能生气，还不如说是成年人"自以为"自己没可能为了那么点小事而生气。

然而，事实是没可能生气的自己就是在生气。虽然在生气，却不承认自己在生气。因为已经四十岁的自己，没可能因为这种无关紧要的小事生气。他们会觉得，无论怎么说，自己也是不可能会为了那种事生气的，那太可笑了。

如果你莫名地不开心，或者在为自己也无法处理的心情不快而苦恼的话，往往就是这种"不可能"发生了。这种事被我们当作"琐事"，在无意识的水平上被无视；然而在内心深处，别说无视它了，你完全就是因为它才动怒的。

虽然自己也不清楚是为什么，但心情就是不好，连自己也不知道该拿自己怎么办才好。这种时候，你很可能是在被“不可能”的事困扰着。

不知道该拿自己怎么办的人，多数对自己估计过高。其实，他们基本上都是情绪未成熟的人。不管长到多少岁，不管在社会上有多活跃，他们的内心仍然还是孩子。但他们却没有察觉到，自己的心理年龄原来和五岁的孩子一样，无关紧要的事情也会对自己产生极大的影响。

小时候的撒娇欲没有得到满足的人，会因为那些琐碎的、无聊的小事受到难以想象的巨大影响，这绝对不是什么不可思议的事情。不，应该说，这是理所当然会发生的事情。

答案就在心灵最深处

小孩子是很吝啬的。父母给弟弟什么东西的话，做哥哥的就会不满，虽然自己没有吃亏，可总觉得不能让弟弟占便宜，会愤然向父母抗议。

大人也会做出同样的事来。就算自己没有受到任何影响，也仍然不允许和自己有关的他人获得好处。

不过，大人可没办法像孩子一样坦率地表达出来。他们会强加上些看似说得通的理由，而他们自己也觉得这些理由是合理的，不会承认自己是吝啬的人。没有说得通的理由时，他们会莫名不快，觉得没劲儿。明明与自己相比，别人只是得到了那么一点东西，可自己还是会因此不快，自己却意识不到这一点。

那些一再强词夺理，看似说得很有道理的人，基本上是吝啬的人，而且他们绝对不会做出任何努力去发现自己的吝啬。因此，他们总会不明所以地觉得不爽，或者为心情不好而苦恼。

之所以会“不明所以”，是因为自己对自己撒了谎。答案就藏在他们的心灵最深处，只不过没有被意识到而已。自己本身是幼稚的、吝啬的人，可在意识水平上却误以为自己是个出色的成年人，所以才“不明所以”。

和别人在一起的时候，小孩子不但不会把自己的玩具借给对方，而且还会说“不许你看”，把玩具藏起来。其实，有些活跃在社会上的三十岁的成年人也是一样的。结了婚、有个六岁的孩子的爸爸也和他六岁的孩子一样，常常会出现“不许你看”的想法。只不过，不管是这位父亲自己还是他妻子，往往都不会承认这一点。

一个人如果撒娇欲没被满足，一直被压抑的话，那么它会一直支配着这个人，就算他已经当了爷爷，也不会变。

这些人，他们为自己内心的纠结所苦，但同时，还会因为别人撒娇而批评别人。他们不会允许孩子撒娇。他们会说“这种事根本怎么办都是一样的”，大骂孩子。在这一点上，**内心纠结的人，无法理解他人的心灵。**

当你发现为内心的纠结所苦的人有如此之多时，同时也会为能够理解他人心灵的人是如此之少而震惊吧。完全无法理解学生内心的小学老师、完全无法理解孩子内心的父母是何其多啊。内心纠结的人是无法理解他人的内心的，这一点十分重要。

反过来说，即便你想要让那些内心纠结的人来理解自己的内心，为此而做出的努力也会白费。那些会说什么“我们都是人类，所以是可以彼此理解的”的人，基本上是支配型的人。他们无视他人内心的痛楚，若无其事地伤害着他人，甚至在深深地伤害了他人以后都无法察觉到这一点。

在自己的内心完全无法得到理解的环境中长大，这是一种悲剧。会说出“我们是可以彼此理解的”这样的话的人，除了可能是支配型的人之外，也有可能是那些从最开始就与这种悲剧无缘的人。而在那些在内心纠结的父母身边长大的人看来，所谓能够被他人理解，简直就像是煮熟了的鱼还能游来游去的异世界的事情一样。

如果换个角度来看的话，可以说，一个内心没有纠结的、坦率的人，才可以理解他人的内心。实际上，内心没有纠结的、坦率的父母，在孩子因小事而愤怒、悲伤的时候，就能对孩子表示深深的理解，接受孩子的这种心理状态；而那些内心纠结的父母，只会把那些当作“小事”来处理。

自信是基本的人生态度

我刚刚说过，内心纠结的人是无法理解他人的内心的。同样的道理，能够理解他人，就是心理健康的证明。

有神经症倾向的人分不清谁是卑鄙的人，谁是诚实的人。只有心理健康的人才能分清卑鄙的人和诚实的人。这就是无法理解他人内心的神经症患者必须面对的悲哀的现实。**无法体察真实的自己的人，也没办法察觉他人真正的面目。**

此外，无法理解他人内心的人，也没办法相信他人。就算他人真的对自己有好感，他也没有能感受到他人的心意的能力。神经症患者会将自己的内心投射到他人身上，并误以为那就是他人真实的样子。他们没有办法直接看到真实的他人。

因为自己不喜欢自己，所以就无法相信别人喜欢自己，这或许是理所当然的吧。既不会相信他人所说的“喜欢”，也没法因此安心。在内心深处是讨厌自己的，然而他不会去正视自己可能感受到的对自己的厌恶，这也就是压抑。

被压抑的东西会投射到他人身上。也就是说，他会觉得别人讨厌自己。因此，就算别人直白地说“喜欢”，他也莫名地无法相信。对自己没有信心的人也是一样，在内心深处虽然讨厌着自己，却不去正视这种情感。

这些人，不管得到多少社会名誉，不管别人对他多有好感，他都没办法相信别人的话。表面上，他可以分辨出他人的好意，可只要他在内心深处还讨厌着自己，那么说到底，他无论如何也没法完全相信他人对自己的好感。

如果你表面上能够分辨出他人的好感，却怎么也没法相信的话，那就要反省一下，在自己的内心深处，是不是讨厌着自己。如果你虽然得到了他人的好感，却总在担心随时会失去这种好感的话，也同样要反省。如果他人的好感总让你觉得说不清道不明地不舒服的话，也是一样。

我常常会遇到因为他人的好感而疲惫不堪的人。他们没办法安心地接受他人的好感。这样的人，是在内心深处对自己没有好感。

内心深处是讨厌自己的，那自然会因为他人对自己的好感而感到不舒服。

因为在内心深处总觉得现在的自己不够好，所以怎么也无法相信他人对自己的好感。其实，绝对不是现在的自己不够好，或者说现在的自己不够好的地方只有一处，那就是讨厌自己。

在他人指向自己的各种情感中，人能够相信的，就只有和自己内心中的自我形象相符的那部分。内心深处对自己厌恶的人，会对别人的好感有种受宠若惊的感觉。所以，他们的心绪就很难平静。

所谓“别人喜欢自己”，本质是指无条件的接近。别人喜欢上你的时候，并不是说要连你的缺点一起喜欢上。对于他人来说，你的缺点只不过是他所喜爱的人身上不讨人喜欢的地方而已。

别人绝对不会因为你有缺点，就讨厌你本人。说到底，那也只不过是“喜欢的你”的不讨人喜欢之处而已，他对你的好感并不会因此而发生改变。可那些内心深处讨厌自己的人却怎么也弄不明白这一点，要是别人夸奖了自己的长处，还会以为那是“讨厌的你”的身上招人喜欢之处呢。

他们会不断地产生错觉，以为不把自己的优点展现给对方看，对方就会抛弃自己了。而反过来，那些打从心眼里喜欢自己的人，在别人喜欢上自己之后，从来不担心对方会因为自己有缺点而抛弃自己。这就是因为我刚才说过的，自己的缺点只不过是“喜欢的你”的不讨人喜欢之处罢了。

所谓对自己有信心的人，是不会觉得自己会因为短处而被他人拒绝的。或许更应该说，不会产生那种想法的人，就是对自己有信心的人。觉得自己说不定会因为自己的短处而被抛弃，因此而不安的人，就是没有自信的人。

某个人有没有短处和某个人有没有自信，这完全是两码事。对自己有没有信心，是比长处、短处要基本得多的问题。

有些人就算满是缺点也仍然很自信，能够快乐地活着；反过来，也有人缺点很少，却缺乏自信，战战兢兢地活着。

你害怕被人发现真正的自己吗

你在隐藏自己的哪些部分，不想让其他人发现吗？

你在害怕自己的哪些部分会被其他人发现吗？

你知道自己打心底里没有自信，在内心深处对自己很失望。然而，这些却不想被其他人知道。因为不想被他人知道这些，所以在他人面前，你总是“装出”自信的样子。

恰恰因为这样，你才被人讨厌，难道不是吗？能被他人喜欢还是讨厌，他人会和自己亲近还是无法亲近，这些其实简单得出乎人们的意料。

不想让其他人发现真实的自己，所以就隐藏起来，然后努力让他人看到一个与内心深处所感到的真实的自己相异的人。人就往往是因此而被讨厌的——把自己内心深处幼稚的愿望隐藏起来。

为什么要隐藏起来呢？因为担心被人发现后，别人会因此而轻视你。因为觉得对方一旦发现了你心底幼儿般的愿望就会拒绝你，所以你竭尽全力地把真实的自己隐藏起来。殊不知，正因为如此，对方才会不喜欢你，可你却误以为这样做会得到对方的喜爱。

隐藏了真实的自己的人，虽然想要靠隐藏而获得喜欢，但反而会被讨厌。**心底里没有自信的人，如果不对自己、对他人隐藏起这种不自信的话，反倒能真正地和他人亲近。**所谓建立亲密感，就是这么一回事。

不隐藏自己内心幼稚的愿望，对方才能够信任你。而如果分明很幼稚，却硬要装作成熟的样子，就得不到对方的信任。想要让对方信任自己，拼死地“假装”，只会适得其反，得不到他人的信任。

隐藏真实的自己，确实有可能成功地给人留下与实际不符的印象。尽管没有自信，可是确实也有可能让对方以为自己信心满满。然而，这并不是说如此一来，你就能活得轻松快乐了。

这只会让你与真实的自己更加疏远，只会让你更加失去生存的实感，只会让你更搞不清自己到底是谁，只会让你的自我认同进一步崩溃，只会不断加深你的自我不确定感。

隐藏自己这种事就算成功了，也只能让内心世界更加崩

溃而已。你很快就会对生存本身感到不安和恐惧。

那些有神经症倾向的人，完全被自己内心的纠结夺走了注意力，因而没有理解他人的能力。就算他人喜欢上了自己，也会因为自己没有理解他人的能力，日夜担心是不是会被他人讨厌。

别人喜欢的，分明就是包含缺点在内的完整的自己，可他们却无论如何也无法理解这一点。他们认定如果自己有缺点就会被抛弃，因此非常不安，想要将缺点隐藏起来。

这是不去理解他人、以自己为中心的人的悲剧。他们并不想理解其他人的内心，而只是在一门心思地考虑自己要如何给他人留下好印象。

他们会自己胡乱判断："给人留下这种印象的话他们就会喜欢我，留下那种印象的话就会讨厌我。"可实际上，别人根本不会因为他们刻意留下的这些印象就像他们所预想的那样，喜欢或是讨厌他们。

比方说，某个有神经症倾向的男性，以为给女性留下强壮的印象就能得到对方的喜爱。而某位女性，确实喜欢上了这位男性。

如果这位男性能够感受到自己被喜爱的话，是不是就能够改变他的神经症倾向了呢？很遗憾，基本上不会出现这种情况。

一般来说，这位男性会因被爱而欢喜，为了不失去对方，他会拼死努力让对方看到自己强壮的一面。

这位男性之所以会急于让对方看到自己的强壮，是因为在他的心底，觉得自己是软弱的。他未曾察觉到，其实自己并不相信自己有那么强壮。

这位男性自己独断地认为，只要能让女性看到自己的强壮，她就能够继续喜欢自己。而且，他还独断地认为，要是不那么做的话，自己就会被抛弃。

为什么这位男性会有这种一厢情愿的想法呢?

那是因为这位男性在内心深处认为真实的自己不够好。他完全无法察觉，对方对自己的感觉并不像自己内心深处所想的那样。我在前面讲过了，这位男性，根本不会想到去理解那位女性，他的内心根本没有做出过那样的努力。

我估计这位男性会不停地做出对方并不希望他做的事情，也不会察觉到，自己所夸示的并非对方想要的。

从这位男性的角度来看，他总在做女性并没有希望他做的事情，自然没办法从对方那里得到自己所期待的反应。比方说，这位男性以为自己这么做了就能得到尊敬，希望女性在心中说“他连这个都会啊，好棒”。然而对方却一次也没有给出过“好棒”的反应。

男性努力地展示自己“我很行”，可他所做的却完全不是女性想要的。没有得到期待中的称赞，他会觉得不服气，没意思。

如果男性想要展示“我很行”却失败了，他就会认为自己马上要被抛弃了，十分不安。因为没有自信，他会开始找许多的借口。然而，女性其实完全没觉得他那是失败。

所谓被人喜爱的意义

所谓被人喜爱，意味着你不需刻意地去为对方做些什么，但是有神经症倾向的人却不理解这一点。他们觉得，如果不刻意地为对方做点什么的话，对方就不会喜欢上自己；或者即使喜欢上了，也会抛弃自己。

所谓被人喜爱，意味着对方会因自己感到满足。就算不为他做任何事，单单是和他在一起，已经足够让对方满足了。内心深处对自己不满意的人，无法想象对方只是和自己在一起就能够得到满足，因此他们才会勉强自己做这做那，希望能帮上对方的忙。

虽说想要帮助对方本身并没什么错，但如果觉得一旦帮不上忙，对方就不会继续喜欢自己，这可大错特错了。而且，如果你这么想，那是永远也没办法和对方亲密起来的。

这恐怕是因为小的时候曾经有过这样印象深刻的体验：

如果能给别人帮忙的话，他们就会对自己有好感，否则就会被他们拒绝。所以，当他们长大成人之后，也误以为其他人都是那样的。

这样的人，并没有看到面前的现实的人。透过面前的人，他们看到的，只不过是小时候在自己周围的成年人而已。他们只不过是透过面前的人，再次体验过去的经历而已。

他们并不想关注、理解自己现在的经历，并不想关注、理解自己现在所接触的人。如果他们能全心全意地去理解面前的人，这些误解原本都是可以化解的。

有神经症倾向的人，在试图理解面前的人之前，他们已经摆出一副防御的姿态，以免别人觉得自己不好。

不去理解他人，而是保护自己、不让别人觉得自己不好，因此做了很多无用功，白白消耗了能量。世界上这样的人还真不少。

对那些在内心深处讨厌自己的人来说，要相信对方是喜欢自己的，可是一件非常艰难的事情。他们并不习惯那样去思考，总觉得那种思考方式很别扭。即便似乎感觉到对方真的是喜欢自己的，他们也总是莫名地有一种“骗人的吧”的感觉。他们无法确信那种感觉。

就算感觉到对方是喜欢真实的自己的，也会觉得这种感觉很靠不住。“我这么想，真的没问题吗？”他们总是残存这样的不安。

会出现这种情况也是没办法的事。长久以来，他们都是必须为他人付出，才会得到喜爱，一直以来都是在这种感受中生存下来的。他们小时候，只有在为他人效劳时，才能感到满足，所以会这样想也是没办法的事。

那些小时候必须伪装自己、牺牲自己才能换来他人好感的人，长大成人之后，就算被告知“别人会喜欢上最真实的你”，也没法真正感受到那种感觉。

不过，总有一天，那种感受会变得真实，他会逐渐感觉到“确实是那样的”。总有一天，他会自然而然地发觉，只要自己对自己感到满足了，他人也会因有缺点的自己而感到满足。

先独立，再谈爱

自然而然地感受到那一切之前，他们倒是有能力感觉到被人偏爱。感觉到被人喜欢与感觉到被人偏爱是不同的。内心深处缺乏自信的人，无法感觉到被人真心地喜欢，但可以感觉到被人偏爱。

这些人会因为被人偏爱而高兴。这既体现了他们的自我中心性，同时也体现了他们没有理解他人的能力。

偏爱别人的人，本身比一般人的依赖性更强，是占有欲极强的支配型的人。他们通过对某个人另眼相待而限制了对方的自由。

所谓被人偏爱，是以牺牲自己的自律性为前提的。会因此而喜悦的人，说到底，不过是因为没能理解对方，所以才喜悦的。要是有理解对方的能力的话，就能够看到偏爱自己的人的内心深处了，这样一来，就绝对会发现，被人偏爱绝对不是什么值得自己高兴的事。

偏爱的人、被偏爱的人之间的羁绊如果过分强烈，就被称为共生关系[①]。双方都是在牺牲了对方及自己的自律性的基础上才能够交往的。有时候，共生关系乍看之下貌似是外界眼中的一种非常理想的关系。

在共生关系之中，二人之间绝对不会发生口角，既没有意见的对立，感受上也没有差异。不过，之所以绝对不会出现对立，是因为双方觉得理所应当保持一致，舍弃了自己的意见。正是因为压抑了自己的感受，所以在表面上看来，感受也没有差异。

共生关系中的两个人，会误以为彼此非常亲密。因为彼此都是牺牲了个性而共生的，所以自己核心的部分空无一物，并没有所谓自己的世界。不，应该说，拥有自己的世界就等同于对对方的背叛。这就是共生关系。

在没有牺牲掉自律性的亲密关系中，人们是可以拥有属于自己的世界的。在真正的亲密关系中，对方拥有一个和自己没有直接关系的世界，绝对不是背叛。那也绝对不会让人感到无趣。不，应该说，自己会因为对方拥有那样的世界而

---

① 共生关系，如同生物学中的共生现象，指两个人直接彼此纠缠，彼此依赖，失去独立性的一种不健康的关系。

欣喜。

在真正的亲密关系中，人们会因为对方在与自己没有直接关系的世界里很幸福而欣喜，会觉得“啊，太好了”。在共生关系中则完全相反。他们绝对无法允许对方在与自己没有直接关系的世界里得到幸福，会因此而觉得无聊透顶。

因此，长期处于共生关系中的人，即使对自己身边的人，也会努力隐瞒，不让对方知道自己在另一个世界里很幸福的事实，同时，也会因此而产生罪恶感。

长期处于共生关系中的人，无论如何也理解不了，对方会因为自己在与他没有直接关系的世界里得到幸福而感到喜悦。他们所强调的，是只在与对方共处的世界里获得幸福。

自己只在与对方共处的世界里获得幸福，这一点一定会让对方高兴，自己也会得到心灵的安宁。也就是说，这么一来就不会有罪恶感。

共生关系中的人会强调只在与对方共处的世界里获得幸福。在以偏爱与被偏爱为中心的共生关系中，只要能够强调只在与对方共处的世界里获得幸福，就能够感到开心。而共生关系存在的时间越长，越难和人真正地亲密。

如果亲子关系是长期共生的话，那么孩子即便长大成人了，也无法与他人亲密起来。他们一方面会对亲密感到恐惧，另一方面，也无法理解什么是真正的亲密。

所谓真正的亲密，是指彼此都拥有自己的世界，可以为彼此各自的幸福感到喜悦，在这样的基础上建立起共通的世界。正是因为彼此都可以在自己的世界中获得幸福，因此才能够丰富那共通的世界。比方说，如果是真正的亲密的话，当自己的朋友和自己之外的朋友亲近起来的时候，自己也会感到很开心。

亲子间如果是共生的关系的话，孩子就会强调，只有父母在的时候才是自己真正的世界。这样的共生关系如果长期持续下去，即便谈了恋爱，情况也不会改变。也就是说，他们会觉得只有和恋人在一起的时候才是真正幸福的时刻，会刻意地说与其他人的交往都是无可奈何的，根本就不想和其他人交往。他们觉得这么强调的话，就会让恋人高兴。只是恋人如果是心理上成熟的人的话，这种强调只会令他们感到难过而已。然而，长期处于共生关系中的人却不会察觉到这一点。

生存在共生关系中的人，他们的罪责感、良心等，都只不过是依赖性的别名而已。这些人其实并不是为罪责感所苦，而是为自己的依赖性所苦。

如何分辨真正的爱

自己与身边的人到底是共生关系，还是真正的亲密关系呢？这可以用以下的方法来分辨。

如果内心深处有无力感，甚至害怕生存本身的话，那就是共生关系。有无力感、害怕生存本身的人没办法像普通人一样自然地行事，他们会突然变得虚张声势起来，还没怎么样呢，又立刻呈现出软弱的一面，被失望感淹没。

没办法自然地行事，必须虚张声势或是迎合别人的人，无法和别人建立起亲密关系，只会建立共生关系。真正的心理上的成熟会使人能够与他人亲近，并且由于与他人亲近，内心会变得越发坚强。所以，真正心理成熟的人没有必要虚张声势或是迎合他人。

此外，共生关系总有一种特殊的气场，让别人根本没法参与进去。所以说，共生关系也是排他的。在共生关系中生存的人，通过拒绝他人来显示对对方的忠诚。不管怎么说，他们的世界是十分狭窄的。

在共生关系中，根本没有所谓“喜欢彼此那些不招人喜欢的缺点”，不会出现即使有缺点也一样喜欢对方的情况。清楚地认识到了对方的缺点，尽管如此还依然喜欢对方，这绝对不会在共生关系中发生。

俗话说“麻子也能看成酒窝”，可在亲密关系中，麻子就会被清楚地认作麻子，但尽管如此也仍然喜欢；而在共生关系中，才真是“把麻子也能看成酒窝”。

在共生关系中，一旦发现本以为对方是酒窝的地方其实是麻子的话，就会讨厌他的全部。所谓共生关系，就是要么全部喜欢，要么全部讨厌。

有时候我们能看到这样的现象：原本如胶似漆的恋人一下子就变得彼此憎恨，甚至破口大骂。之所以会这样，是因为他们之间是共生关系。

亲子间的共生关系崩坏时，会发生骇人听闻的事情。某些宗教组织对异端者的残忍对待、各种小集团的私刑等，也都是共生关系行将崩坏时会出现的剧情。

这种关系中的人们，彼此并不是真正的亲近，而只不过是“偏爱”与“被偏爱”的共生关系而已。

在高中女生的小集团中，成员会对彼此说：“你要是和那个人来往的话，就再也别跟我们玩了！”其实成年人的许多做法就跟她们一样。这种看起来关系很好的高中女生的小团体，不管在一起的时间有多长，也只不过是共生的交往而已。

处于共生关系中的人，相信自己的团体是非常坚固的。

然而实际上，这些团体却是极其脆弱的，因为它是靠建立在牺牲了彼此的个性的基础上的关系维系的。**这种关系的建立牺牲了彼此的心理成长，因此，每个人的心底都会出现无力感。**

所谓共生关系，就是不管表面上看起来有多亲近，实际上都是心底有无力感的人的不正常的结合。每个人的内心深处都没有安全感。哪怕只有一点点言行上的差异，都会让彼此的神经备受折磨。

因此，每个人都会异常刻板地遵守小集团中的规定，对一点点的个性及意见上的差异都做出过度反应。**表面上看起来他们非常团结，实际上在内心的最深处，他们都感觉到自己没有被保护。**所以，他们反而会加倍在意集团外的世界。在共生关系中，他们非常在意外人是怎么看待“我们”的。

对待外人，他们会表现出自己好的一面，实际上却一点也不了解外人的想法。也就是说，他们既排斥外界，又去迎合外界。

就像我在前面说过的那样，共生关系中的人搞不懂什么是被人喜欢。话说回来，就连这些即使被人喜欢也感觉不到、在共生关系中成长、依赖性极强的人，也是可能会被人喜欢上的。

为什么这么说呢？因为别人喜欢上自己，这既是自己的问题，同时也是他人的问题。**情绪上成熟的人，会爱上那些碰巧与自己投缘的人。**

真正爱狗的人，不会只养有血统证明的纯种狗，也不会只喜爱有血统证明的纯种狗。如果有那样的人，那只能说他们并不是真正爱狗的人。真正爱狗的人会很珍视与自己有缘的狗，疼爱它。

“虽然和我有缘分，可它是杂种狗，这种没用的狗我不养。”——爱狗的人是不会这样说的。以养狗为生的人就另当别论了，因为他们要以此来维持生计，所以他们必须得养那些能卖掉的狗。

不过，单纯地喜欢狗的人，就可以不管是杂种还是纯种，宠爱刚巧与自己有缘的狗了。而且，他们能认识到，这条狗是有很多缺点的；通常来说，也能认识到这条狗不如有血统证明的狗值钱。在认识到这些的基础之上，他们依然珍视并宠爱自家的狗。他们甚至还会把自家的狗的“麻子”看成“酒窝”，或是觉得有血统证明的狗太无趣了什么的，绝对不会反感自家的狗。

爱也可以间接表达

心地善良的人，不会因为与自己投缘的人有着这样那样的缺点就随便抛弃对方，而是会让事态自然而然地发展下去。

然而那些在共生的关系中长大的人，却没办法好好地利用与心地善良的人接触的机会。因为他们即便被人珍视着，也发现不了，感觉不到。

自己和心地善良的人之间的这种关系，是他们所不熟悉的。因此，虽然在被珍视、被喜欢，但是他们却无法相信，甚至会亲手破坏掉这种关系。

在共生的关系之中，爱必须直接地夸示出来，而不能间接地表达。而真正的爱是可以间接表达的，或者也可以说，间接地表达出来的爱才是真正的爱。

比方说，在亲子关系中，父母会直接地摸着孩子的头，说："真是个好孩子。"应该说，他们所表现出来的，基本上都是这样的东西。

很早以前我看过一本叫作《靠不住的母爱》的书。在那本书里，我对两个部分记忆特别深刻。其一是说，较之于过剩而虚伪的爱来说，孩子更能忍耐不足而真实的爱；其二，就是我现在所说的，真实的爱是间接地表达的。

不过，那本书里并没有说明为什么间接表达的爱才是真正的爱。那么，为什么说直接地表达出来的爱有可能并不是真实的，而间接表达的爱绝对是真实的爱呢？

那是因为，想要间接地表现爱，必须有理解孩子内心的能力。**能够理解他人内心的人所表达出来的爱，才是真实的东西。**

直接地表达爱，并不一定需要理解对方内心的能力。比如说，想要给孩子看看美丽的景色，就带孩子去了什么地方，这就是对孩子表现出的直接的爱。不过，说不定孩子根本不想看什么美丽的景色呢，说不定孩子更想和自己的玩具们一起玩呢，说不定还更想和小朋友一起去打乒乓球呢。

然而父母却无视孩子的心情，偏要“带他去”，而这么一来，他们会觉得自己就是为孩子着想的“好父母”了。

反过来，我们可以假设说孩子想要一个笔记本，这种笔记本在普通的文具店里找不到，是厂家已经停产了的笔记本了，然而孩子却偏巧想要那个。

这种时候，父母也可以在私下里竭尽全力地到处去找这种笔记本，间接地表达爱。

如果去那家店的话说不定会有的，说不定问问那个人的话就能知道哪里有卖了，像这样到处去寻觅。偶然地遇到什么人，谈话的时候，试探性地贸然问了笔记本的事情，可能就会找到了。虽然自己还有很多其他要做的事情却放下不做，愿意为寻找那种笔记本而花费时间，这就是间接地表达的爱。就算是非常繁忙，也不会把这件事忘到脑后去，这就是间接的爱的表现。

之所以愿意在这种事上花费那么多的精力，是因为了解孩子是多么想要这个东西。

有些人也会拿个完全不一样的笔记本回来，跟孩子说“这个笔记本不是也一样吗”，或是很快就把笔记本的事忘得一干二净了，之所以会这样，是因为他们还不能理解孩子到底有多想要那种笔记本。

真正的关心与自我满足的关心

我认识的某位高中老师，曾经对这样一个母亲的行为大发感慨。

这位老师是学校棒球队的教练，他所教的一个孩子的母亲常常来看孩子的练习，当孩子击中安打的时候，母亲会高兴地拍手，为孩子加油。练习结束回家的时候，这位母亲甚至连书包都帮孩子拿。然而就是这么一个母亲，却总让孩子吃方便食品。

帮孩子拿书包、和孩子一起回家是直接表现出来的爱。相对的，在孩子看不见的地方花大量的时间与精力做孩子喜欢吃的菜，这就是间接的爱的表现了。

假如母亲不知道孩子喜欢吃什么，就没办法间接地来表达爱意。那些只会直接表现爱的母亲，要是孩子不夸自己做的饭好吃的话，就会生气。她们在意的并不是花心血做出好吃的饭菜，而是孩子称赞自己做的饭菜很好吃。

孩子运动回来想喝点什么，想在哪里躺一会儿，知道这些的母亲,恐怕是那些在家里等着孩子从练习场回来的母亲吧。

给孩子吃方便食品、帮孩子拿书包，这样的母亲，只不过是把自己的感情强加给孩子，以为那就是爱。像这样不允许反抗、紧紧纠缠在一起的母子关系不断发展，就成了共生关系。

和孩子是共生关系的母亲，即使在炎炎夏日中练习棒球的孩子的帽子破了，她也不会察觉。

真正关心孩子的母亲们，即便不拿着孩子的书包和孩子一起回家，也会时时注意孩子的书包和队服，知道孩子有哪些需要。

要分辨某人是不是处于共生关系，还有一种方法是看他们怎么来挑选礼物。生日也好，什么纪念日也罢，为了找礼物而花费精力的人就是和共生关系无关的。

共生关系中的人虽然总是很黏人，但要为了对方准备礼物的话，却一点也不会花费时间和精力。他们讨厌为这种事搞得自己疲倦，或者说干脆就忘掉了。

对共生关系中的人来说，自己就应该是对方的世界，否则就会不舒服。对方不能因为和自己没有直接关系的事而高兴。他们也根本不能理解对方怎么可能会为了那种和自己无关的事情而高兴。

共生关系中的人虽然彼此纠缠，但事实上，他们并不太关心彼此。因此，不管共生关系维持多久，依赖性都无法得到满足。黏人本身并没有错，只要撒娇欲能够被满足，黏人的行为就会自然消失。这我也已经说过好几次了。

共生关系看起来的的确确是允许彼此撒娇的，但实际上，对孩子来说，那只是撒娇欲的压抑而已。

关于共生关系我已经说了这么多了，如果你觉得自己和某人有共生关系的话，那么就需要从这种关系中将自己解放出来。人没有办法在保持与某人的共生关系的情况下得到心理的成长。

你也可以拥有自己的世界

在共生关系中，彼此肯定会觉得对方很可爱。如果是亲子间的共生关系，父母会觉得孩子非常可爱，不过，这当然是仅限于孩子对自己唯命是从的时候。

只有在孩子无条件地顺从自己的时候，父母才觉得他可爱。哪怕是在这种时候，父母也完全不关心孩子有什么需要。比方说，父母和孩子一起去游泳，到了傍晚，就算是孩子很冷，做父母的也完全没发现。他们完全不在意孩子是不是觉得冷，是不是已经很累了，是不是需要穿上衣服，是不是需要休息一会儿。

重要的是自己现在想不想看孩子游泳，而孩子有什么样的希望根本就不重要。要是自己明明还想继续看孩子游泳，孩子却说要回家的话，他们就会发火。

他们也不会想到孩子已经游了很长时间了，是不是应该让他吃点什么东西才好。说到底，重要的是自己想不想和孩子一起吃东西的问题。

自己很饱的时候，就完全不会留意孩子是不是已经饿坏了；只有自己游泳游到肚子饿的时候，才会跟孩子说“去吃点什么吧”。那时候，是他们自己感觉想要和孩子吃点什么。

他们可以理解和自己的要求相一致的孩子的要求，但对和自己的要求不一致的孩子的要求，则完全无法理解。**所谓亲子的共生关系，就是小孩子做父母想做的事，父母因此而宠爱孩子。**

孩子在向妈妈要求什么的时候，不会关心妈妈现在是不是很累，对孩子来说，重要的只有自己的欲望。孩子非常需要妈妈。

亲子间是共生关系的情况下，就像小孩子需要父母那样，父母也一样需要孩子。同样地，就像小孩子无法理解妈妈的内心一样，他们也无法理解孩子的内心。就像小孩子只知道自己的欲望一样，共生的父母也只在乎自己。

问题是，明明只在乎自己，却误以为自己很爱孩子。因此，重要的是自己现在想不想和孩子一起游泳，孩子想不想和自己游泳就完全不管了。

在共生关系中，对方绝对不能有和自己不同的感受及愿望。这种事简直是理所当然的。共生关系中所有的，只是自己的欲望而已。对于与孩子共生的父母来说，整个世界就只有自己的欲望存在。

因此，在共生关系中长大的人都没有属于自己的欲望。毕竟，他们从来没被允许过可以拥有自己的欲望。

在共生关系中长大的人，现在首先应该理解，自己是可以拥有属于自己的欲望的。而且也要明白，拥有属于自己的欲望，这绝对不等于是与他人敌对。

拥有属于自己的欲望就等于与他人为敌，之所以有这样的感受，是因为你一直生存在共生关系之中。共生关系中，对方会说“让我们和睦相处吧”，这实际上是在叫你认可“世界上除了我自己的欲望之外，不存在任何别的东西”。

从字面上来讲，“和睦相处”是个不错的词；然而在共生关系中和对方“和睦相处”，就等于自己心理层面上的死亡。如果是和共生关系的对象说“我不想再和睦相处了”的话，从字面上来说给人的感觉很不好，但是这句话的潜台词实际上是“我也想活着”。

想要保持共生关系的人，实际上是用“生”的语言代替了“死”的实质。想要保持共生关系的人，总是以生为名带来死亡。

想要活出自己的人生的人，不能光注意对方表面上的语言，而是必须关注对方通过语言在谋求些什么。

那些向恋人寻求母爱的男人

之前我们从被另眼相待的话题一下子跳到了共生关系，在这里，请你再一次考虑一下“被喜欢”这种感觉。

实际上是“被喜欢”的，可为什么就是没有那种实感呢？我在前面曾经写过一位有神经症倾向的男士，他虽然被某位女性喜欢，却感受不到被喜欢的实感，因此需要对方不停地夸示他的重要性。

原本就是在寻求别人的喜欢，可为什么明明已经被喜欢了，却没有被喜欢的实感呢？这是因为，他并不是作为一个成人来寻求别人的喜欢的；或者说，从心理的角度上，他并不需要那种喜欢。

我这么一说，大多数有神经症倾向的人会反对吧。说不定研究神经症的专家也会反对，他们主张神经症患者就是为了被人喜欢而生存的——这在某种意义上也是正确的。

关键问题在于他们所寻求的是什么样的喜欢。就像我刚刚写过的那样，他们并不是“作为成人”来寻求喜欢，也并非出于心理上的需要。**他们所寻求的“被喜欢”，其实是自己的依赖性、撒娇欲的满足。**

即便两个成年人之间的爱情关系已经确立了，他们却仍然没有那种实感，这是因为他们需要的是撒娇欲的满足。他们期望可以被人溺爱，被对方夸奖“好棒哟，你好厉害哟”，被对方一直关注着，自己的一言一行都能得到极大的反应，对方并不拥有属于自己的世界，自己是对方世界的中心，对方会把别人看得一文不值而只对自己发誓忠诚，等等。

有神经症倾向的男性对恋人的要求，其实就是要对方像母亲哄孩子一样地对待自己。他们心理上的需要并不在于成人的恋爱，而是在于满足自己的依赖性。因此，即便是作为成年男性被爱，他们也感觉不到。他们会使用“被爱”“被喜欢”这样的语言，自己在意识层面上也是这样认为的，但说到底，他们并不理解这些字眼的真正含义。

有神经症倾向的男性所追求的，是以恋爱、友情为名的母爱。能够让他们有实感的，就是这种母爱。

这是因为他们未曾拥有过心理成熟的母亲，撒娇欲也没能得到满足。只有情绪上成熟了的母亲，才能够满足孩子的撒娇欲。

和孩子是共生关系的母亲，不管花多少时间和孩子黏在一起，也满足不了孩子的撒娇欲。就这样，孩子残存着未被满足的撒娇欲，在社会上、肉体上长大成人。

走上社会后，他们会建立许多种关系，既会结交友人、找到恋人，也会建立职场上的人际关系。在与许多人接触的过程中，他们会“被喜欢”，也会“被爱”。很多人会被自己所爱的人爱着，本应该建立起非常幸福的关系。然而，这些“本应该”幸福的人，却并不幸福。

自己喜欢对方，对方也喜欢自己，然而却无法真实地感受到彼此间的爱。我在前面写过了，有隐藏的依赖性的人是非常多疑的。他们即便被人告白了，也仍然没有被喜欢的实感。

对方说了喜欢，自己却感受不到的话，就需要找出“喜欢”的证据来。反过来说，哪怕有一丁点事，他们也会解读为“我被讨厌了”。

有隐藏的依赖性的人不仅多疑，嫉妒心还很强。因为没有被对方喜欢的实感，所以不管对方为其他人做了什么，他们都马上就会吃醋。

所谓隐藏的依赖性，是说本人也没有发现的内心的依赖性。也因为这样，没办法发现自己内心真正寻求的东西。

说到底，有神经症倾向的男性所寻求的，并不是成熟女性的爱情。他们也只是出于偶然的机遇与某人恋爱而已，恋情早晚会破裂。这就是我们常说的对牛弹琴。

有神经症倾向的人并不相信对方。这是因为对方所说的喜欢也好，爱也好，他们都感觉不到。之所以感觉不到，是因为那对他们来说并不需要，或者说还有比那更需要的东西存在。

那些总是被恋人伤害的女人

有神经症倾向的男性中间，有一部分是性无能的。尽管如此，他们仍然会对恋人有性要求。

即便恋人已经属于自己了，却感觉不到自己拥有了对方；即便没有性，恋爱关系也已经建立起来了，却感觉不到这一点。因此，他们想靠着性来确立恋爱关系。然而，他们本质上所追求的是依赖性的满足，所以即便是在性事之后，也不会有恋爱关系的实感。

对于有神经症倾向的人来说，唯一能让他感觉到与对方建立起关系的，就是自己内心深处的依赖性获得满足。因此，尽管他们感受不到他人的喜欢，却会把他人的奉承话信以为真。

我觉得，那些容易被男人骗的女性，大概也是有神经症倾向的吧。也就是说，那些女性本身虽然没有觉察，但在本质上，她们有很强的依赖性。

即使真正成熟的男性对她们有好感，她们也感觉不到，或是由于多疑，缠着对方不断地表示诚意。她们感受不到那些真正的好感，可是不诚实的男人的奉承话却一下子就能把她们打动。成熟男性的真正的好感她们怎么也没法相信，而对花花公子无心的奉承话却会信以为真，对他们动真情。

这些女性心底所追求的并不是成人的恋爱或好感，而是那些奉承话。因此，她们才轻易地相信了。

无论如何都无法相信真心地关爱自己，希望能和自己共度人生的男人，却轻易相信了那些只不过是玩玩而已的男人的甜言蜜语。这样的女性，有着连自己都没有觉察的依赖性，是撒娇欲没有得到满足，压抑着撒娇欲成长到二十岁、三十岁、四十岁的女性。

每当发生上述的这种情况时，多数女性往往会用“男性魅力”这样的词语来解释。当然了，也不能说完全没有这种可能，不过基本上来说，这并不是“男性魅力”的问题。症结在于女性自身没有察觉到的内心的依赖性。

有着隐藏的依赖性的女性，有时候会甩掉既有魅力又有诚意并且深爱自己的男性，相信没有魅力、狡猾卑劣的男性。其结果自然是被男人始乱终弃。

这种时候，她们会说“我被骗了”。她们确实是“被骗了”，可在和那种男人恋爱的时候，她们在内心深处所寻求的，真的就是那种满是谎言的奉承话而已。

对奉承话信以为真，对不过是玩玩的人信以为真，这样的女性是有隐藏的依赖性的、有神经症倾向的女性。内心深处的撒娇欲支配着这样的女性，让她们对花花公子的谎言心动不已。

一个人到底能相信谁，能建立起什么样的关系，这都取决于他的心理成长。被人欺骗之后，发火之前，先来找找自己心理上不成熟的地方吧。只有这样，你才能够再次出发。

Chapter.06

自然的情感才能救赎人心

对人类来说，最可怕的莫过于失去自然的情感了。那些被支配型的父母强加上某种情感长大的孩子，都有丧失自然情感的倾向。

这种情况下，自己并非自然地对某个对象产生某种情感，而是在产生情感之前，先被强加上对那种对象“必须”有的情感。自己并不是由着自然的情感喜欢某物或是讨厌某物，而是必须喜欢或者必须讨厌某物，又或者是“理应”喜欢、“理应”讨厌。对某件事，并不是自然而然地觉得有意思，而是“理应”觉得有意思，或“理应”觉得无聊。

按照自然的情感明明会觉得“无聊”，可不少孩子因为“理应”觉得有意思，所以就“感到”很“有意思”。这实在是很可怕。反过来也是一样。要是按照自然的情感的话，原本是会觉得有意思的，可就因为“理应”是无聊的，所以就“觉得”无聊了。

有些事对于大人来说很无聊、很无趣，可对小孩子来说却是非常有意思的。这种时候，支配型的父母会说：“这种事很无聊，你去那边玩吧，那边更有意思。”确实，从成年人的角度来看，去“那边”可能是更有意思的，然而孩子却不那么觉得。

此时，以自我为中心的父母就会发火。孩子自然的情感流露就被阻碍了。父母扼杀了孩子的自然的情感，强加以“理应”出现的情感。

以自我为中心的父母心中，有着孩子“理应”是这样的想法，如果自己想象中的孩子的形象与现实中的孩子不符的话就会发火。于是，没有父母的保护就无法生存的孩子就只能尽量去让自己的行为符合父母的想象。他们要遏制自然的自己，强迫自己按照那种扭曲了的形象重新打造自己。

孩子会觉得在那种脏水里捞鱼一点也没意思，因为那“理应”没意思。那么就到更干净的草地上去玩吧，因为那里“理应”是有意思的。孩子不得不竭尽所能地努力感觉“好有意思啊”。

不管是“有趣”还是“无聊”，都是扼杀了自己自然的情感后，努力打造出来的情感。那只不过是名为“有趣”的“无聊”而已。孩子自己却不能正视这一切。他们被禁止按照自己真实的感受来感受，必须按照以自我为中心的父母的期待来感受。

越是支配型的父母，对孩子的感受就有越严格的要求。这是因为孩子的感受会对自己的心理造成影响。

我们只要观察一下幼儿就明白了，他们会把自己的感受强行推销给周围的人。

“这个很棒吧！”“这个很好玩吧！”对于对自己来说重要的他人，他们会强行推销自己的感觉。如果成年人有反对意见的话，幼儿就会大发脾气，还会唠叨个没完。

依赖性极强的父母——也就是说还留有幼稚性的父母——和幼儿是一样的。不过，他们比小孩子难对付多了，因为他们把自己的幼稚性以道德及规范之名加以合理化了。

如果孩子没有按照自己的期待感受，没有按照自己的期待行动的话，这些父母并不会像小孩子一样撒娇、生气，而是会说“你怎么会……”，拿出道德的武器来责备孩子。

这些都是化名为"满足"的压力

比方说，被某个家庭邀请去做客。自己的父母是有自卑感的，能够被那么出色的家庭邀请，他们高兴得简直要跳起来。可对于孩子来说，既不觉得光荣，也不觉得高兴。在那个家里，全都是“这个不能干”“那个也不能干”“不能大声说话”“不能跑”“不能随便乱碰人家的东西”，等等，这哪里值得高兴啊，根本是种压力。

尽管如此，孩子要是不跟着一起高兴的话，自卑感极强的父母会很不满。如果孩子没有一起感到光荣，他们心里会不痛快，会责怪孩子：“我明明都给了你这么好的机会了！”

以自我为中心的父母并不会发现，这对自己来说是“好机会”，对孩子来说却完全不是什么“好机会”。不，与其说他们没有发现，不如说他们根本就无法想象。

如果孩子不觉得那是非常好的机会的话，就是个没用的孩子。因为我给了你“这么好的机会”，所以你必须高兴，必须感谢，必须感到满足。“我都给你制造了这么好的机会了，其他的就给我忍着点吧。”

他们可不会觉得孩子已经有这么大的压力了，多少任性一点也无可厚非。这些占有欲极强的父母只会追问孩子“满足了吧，满足了吧”，只希望得到“满足了”的回答。此时，那些过分听话的乖孩子会回答“满足了”。其实，孩子所品味到的，只是化名为“满足”的压力而已。

这些被情绪未成熟的父母养育大的孩子，会出现失去自己自然的情感的倾向。

一旦失去了自然的情感，人不久就会觉得连生存本身也变得没有意义了。当然，在最初的阶段，他们会有意识地努力找寻生存的意义，可惜这种努力是有限的。

人只有在真正地感受到某种意义的时候，才会真的觉得有意义。如果只是因为觉得做某件事“应该”感觉到有意义，那么即使这样做了，只要紧张感一解除，就会立刻输给内心深处的无意义感。

预先知道这件事“应该”有意义，然后努力让自己感觉到有意义。在漫长的一生当中，这样的努力迟早会以失败告终。总有一天，他们会为这种有意识的努力而耗尽全部精力。

在自然地感受到之前，就“预先”准备好“意义”，这种意义基本上都是“谎言”，只不过是自卑感强烈的父母为了解决自己内心的纠结，制造出来的防御性的意义而已。而那些以自我为中心的父母硬是要求孩子“应该”对这种事感觉到有意义。

与预先准备好的有意义与有价值相反，还有“预先”准备好的“无聊”。就是说，在自然地感觉到无聊之前，就预先断定某件事是无聊的。

因为没有尝试的勇气，所以用“无聊”来拒绝。所谓“无聊”，就是将自己的怯懦合理化的借口。

怯懦的父母要求孩子也觉得那种事很“无聊”。那些虚张声势的父母为了将自己的怯懦合理化，会说很多事情都很“无聊”，并且把这种感受强加给孩子。

孩子在心底里说不定“想要去做做看”，那么做了以后也许就能够感觉到意义。可那些过于听话的乖孩子却会把“想要去做做看”的情感压抑下去，拼了命地让自己觉得那“很无聊”。

过于听话的乖孩子为了伪装自己消耗了巨大的能量。“乖孩子”总是容易疲劳也是这么一回事。同样，**过于认真的成年人也总是容易疲劳，这也是因为他们把大量的能量消耗在了伪装真实的自己上面。**

丢掉那个“完美的自我”吧

在事情变得太迟之前，你首先要了解自己，了解自己到底是被什么推动的。

想想看，是谁会处罚你？你有没有在内心深处害怕哪个很亲切的人？

你内心深处所恐惧的人，就是会处罚你的人。正因为体验过那些惩罚，你才知道何为“恐惧”。你绝对不想再次体验那种惩罚了，所以在那之后，为了躲避惩罚，你一直在人为地操纵着自己的感受。

那种占有欲极强的支配型父母，常常会给孩子带来这种无法恢复的伤害。身心两方面都不能如自己所愿地行动的孩子，就是接受过这样的处罚。

对那种父母来说，这个世界上根本没有百分之百合格的好孩子，虽然事实如此，但你就要成为那种完全够格的好孩子。

那种父母永远只会对孩子失望，永远都觉得不快。**不让以自我为中心的父母失望的孩子，在这个世界上根本不存在，一个也没有。**

尽管如此，让父母失望的那个夜晚，你躺在床上，仍然会觉得自己是世界上最坏的孩子。你会肯定以自我为中心的父母，否定真实、自然的自己。你原本应指向父母的愤怒转而指向了自己。

在父母面前，你总想要扮演“优秀的孩子”“出类拔萃的人”。这种时候，原本应该否定的是父母的支配性。

从现在开始否定也并不晚。你要做的很简单，就是从承认自己并不是那么“优秀的人”开始。你之所以会抱住“我很优秀”这种自我画像不放手，就是因为你没有按照自然的情感活着。

你过去一向极为珍视“优秀的人”这样的自我画像，甚至把它看得比生命还重要。要舍弃如此珍视的东西，大概会非常困难吧。然而，现在的你正在重生，非这么做不可。

虽然说“珍视”这个词不算错，实际上用“抱住不放”这样的字眼形容更确切。你若紧紧抱住那样的自我画像不放，迟早会被拖入死亡之地。

过去一直紧紧抱住不放的自我画像到了必须放手的时候。当然，那一定会伴随着不安。不过，请你鼓起勇气来，偷偷地看一看抱住“我是优秀的人，我是好人，我是被爱着的人”这样的自我画像不放时，自己的内心深处是怎样的吧。

你有没有感觉到，那里有着一个“弱小的自己”呢？

那一部分自己是非常重要的。“我是优秀的人，我是好人，我是被爱着的人。”这样的自我画像当然也很重要，然而同时，还有另一个“弱小的自己、没有决断力的自己、靠不住的自己、无力的自己”。

我想说的是，你抓住不放的那个所谓“优秀的自己、好的自己”并不是真实的存在。这并不是说要否定自己的优秀之处，也绝不是说要变成坏的自己，而是必须对“优秀的人”这种自我画像放手，从此成为强大有力的自己、有决断力的自己、靠得住的自己、能够去爱的自己、有行动力的自己、有挑战性的自己、信心满满的自己。

准确来说，正是因为觉得自己靠不住，你才会扮演优秀的自己，以他人期待的方式活下去，仅此而已。**你所抱住不放的那种优秀的自我形象，背后只不过是迎合他人的自己而已。**如果总是过分强调优秀的自己的话，优秀本身也就完全变成了对自我的否定了。

其实，你只不过是用“优秀的自己”的形象来让弱小的自己合理化而已。就因为这样，你才感到难以舍弃。

Chapter.07

心理断乳从离开父母开始

从针对父母的感情中解放出来时，我们往往会以为这就代表着自己完成了“离开父母”的任务。比方说，当我们意识到对父母的恨意时，就会以为自己已经完成了心理断乳。

然而事实绝非如此。一个人，只有改变了自己对他人的看法，改变了自己对自己的看法，才能说是完成了心理断乳。只有出现了这样的改变，才能说是成为真正的自己。

对那些幸运地拥有合理的亲子关系的人来说，心理断乳是非常简单的事；可对那些亲子间是共生关系的人来说，即便因为某种契机自认已经心理断乳了，实际上仍会被那种关系支配。

比如说，“觉察到对父母的真实情感”与“自己不再依赖他人”，这二者就完全是两回事。

察觉到自己内心深处对父母的真实情感，这对于心理断乳来说，固然是最为重要的。可如果你以为如此这般就等于获得了自律性，那可大错特错了。培养自律性是另外一堂人生功课。

如果你对自己真实的情感没有觉察，就没办法克服依赖性。即使自己对父母很依赖，你也会认为这是出于对他们的深厚的爱，不会去改变自己。

如果你只是觉察到自己的真实情感而已，就以为自己已经没问题了，其结果不过是改变了依赖的对象而已。**有太多的人以为自己在心理上断乳了，离开父母了，结果却转而依赖自己的配偶。**这样，发生变化的只不过是亲子关系而已，除此以外什么都没有改变。

其次，你需要考虑的是如何满足自己未被父母满足的爱的欲求，考虑自己要和什么人交往。

拿我自己来说，我所寻觅的，是从没体验过我自己和父母之间的那种情感的人，是不需要我去刻意取悦的人。

我过去和父亲在一起的时候，总是非常紧张，因为我必须一直取悦父亲。和他说这件事的话，他会不会不高兴呢？这个话题还是避开不说好一些吧？我总是这样看着父亲的脸色行事。

所以，我早已疲于取悦他人了。况且，比任何事都重要的是，和自己必须取悦的人交往，会让我变得不快乐。

我在长大成人之后，在和父亲之外的人在一起时，也曾努力取悦对方。仅仅是这样，和别人在一起感觉特别累，只有自己一个人的时候才能放松。

现在回过头来想的话，恐怕自己当时犯了个大错。那时刚好和我有缘在一起的人当中，多数是不需要去取悦的。

而且，应该有不少人反而会因为我那种刻意取悦的态度而感到不快吧。

接纳幼稚的自己

我从小时候起，硬是被当成父亲心理上的“保护伞”，每天满脑子想的都是怎么让父亲高兴。

我们是用父亲心中的“小孩”和我们心中的“父亲”在交流。这种立场颠倒的情况其实很常见。我在美国参加研讨会时也发现，这种问题会经常出现，绝不罕见。

就算是小孩子，心中也有想要照顾他人的部分。五岁的孩子也会在他的能力范围内，照顾三岁的弟弟。和弟弟一起洗澡的时候，他会帮弟弟洗澡。这就是孩子心中的父母性的部分。如果这一部分与成人心中的幼稚性的部分交流的话，孩子和大人的立场就会颠倒。

以我个人的经验来说，我不是被人保护，而总是硬被当成别人的保护者。于是，我和别人在一起的时候，自然就开始照顾别人。但在内心深处，我是有着想被人保护的欲望的，至少，我再也不想当别人的保护伞了。所以，我才如此想和不需要去保护的人交往。

过去，我在保护父亲、保护其他人的时候，完全没有发觉自己内心的幼稚性。其实，没有被人保护过的我，在内心深处贪婪地渴望着被人保护。

一直以来，我一心一意地做父亲心理上的保护伞，就这样长大成人。现在回想起来，才发现自己内心的“小孩”完全没有得到满足，原封不动地留存在那里。

不愿去发现自己内心的幼稚性的人，不敢去正视自己的幼稚性的人，会自然地选择身边的弱者，利用他们来间接地满足自己，而被选中的人就成了牺牲品。

言行都很出色却患上神经症的人，就是输给了自己心中的幼稚性。他们可以说是内心的幼稚性完全没有得到满足的人，却不肯正视自己内心中的幼稚性，错过了处理问题的时机。

我们大概很难想象一个在社会上非常优秀、活跃的人，会像个五岁小孩一样感到不满。然而事实如此。肉体是三十岁，就以为自己的内心也是三十岁，这可是决定性的错误。误以为自己在身心两方面都已成熟了，实际上内心的幼稚性却没有被满足，这时人会不自觉地为自己找些冠冕堂皇的理由，而那只不过是借口而已。

在人际关系中，最令人困扰的就是以爱为名的幼稚性，以道德为名的幼稚性，以正义为名的幼稚性。

你也许从未把自己内心的幼稚性展示在人前，然而明明存在的东西却装作没有，这只会让你的心理出现问题。存在的东西，就老老实实地承认它的存在。这才是健康的做法，这才是真正的大人。

我们的内心当中，有想照顾他人的父母性，也有想被他人照顾的幼稚性等许多的内容。像我之前所讲的那样，发现自己，在发现自己的基础上努力成长，这是非常重要的。

如果不能发现自己内心的各种内容，就培育不出积极的情感。当你把目光从真实的自己身上移开时，信赖、亲切、热情、喜悦、魅力等，所有这些让人生变得无限美好的东西，也同时失去了，你的心中反而会塞满恐惧、无力感、敌意、嫉妒、困惑等各种负面的情感。

在人际关系中否定真实的自己，这不管对自己还是对他人来讲，都是负面的。这样的人际关系，最终不会给任何一方带来任何喜悦。

对你来说，到底什么是真实的呢？请你静静地扪心自问。

他人就是他人，没有伤害你的力量

有些人永远都在担心别人会不会误解自己。我会不会破坏了那个人的心情啊？那个时候他的那种态度是不是在责怪我啊？我说的那句话是不是让他觉得我是在讨厌他啊？如是种种，永远永远都在担心。

就算对方早就把自己说的话忘得一干二净了，可他们还是会一直在意。这种人是极度以自我为中心的，他们的一颗心完全放在自己身上。一言以蔽之，他们是不懂得关心别人的人。

如果有能力考虑别人的事，他们就应该发现对方早已将自己说的话忘光了。可他们却只顾着担心对方是不是觉得自己不好，缺少了对最要紧的对方本人的关心。

没有理解他人的能力，所以才会出现这种情况。对方早已忘了自己说的话，正和其他人高高兴兴地聊天呢，或者正埋头于工作呢……他们却完全无法感知到这些。他们根本不明白对方的笑容到底意味着什么。

越是以自我为中心的人，就越是容易误解别人。他们越是在内心筑起防御的高墙，就越会失去理解他人的能力。从这种意义上说，防御性的人非常想要得到他人的爱，可实际上，他们却没办法赢得人心。

他们永远都在考虑怎么保护自己，否则就会感到不安，不知不觉间就变得防备起来。如果能够理解他人的话，反而能清楚地发现他人对自己并没什么威胁。**让他人成为威胁的并非其他，而是自己防御性的心理姿态。**

如果能够关心他人的话，就会发现他人并没有像自己以为的那样伤害自己，甚至根本没有能够伤害自己的力量。他人只不过是他人而已。只要能敞开心扉，就不难发现这一切。

“他人并没有能够伤害自己的力量，他人只不过是他人而已。”逐渐地理解这一点，就是所谓“自立”的真正含义。

一个人若是认为“他人有力量伤害自己”，就意味着他在心理上还依赖他人。即便他人对自己有好感，可只要自己内心还存有依赖性，他人对自己来说，就是威胁性的存在。

当你在心理上依赖他人时，你能够对对方撒娇，能够在这个层面上保持和对方的关系，然而，你却感觉不到他人的好感。只有不再在心理上依赖他人，你才能够感觉到他人是自发地、自愿地对自己抱有好感的，而并非是自己硬要要求对方喜欢自己。

有抑郁症倾向的人对他人的好感总是诚惶诚恐，他们无论如何也没办法全身心投入地享受他人的好感，这体现了他们的依赖性。

他人对自己表示出好感，这对喜欢自己的人来讲也是件高兴的事，绝对不会是他的心理负担。有抑郁症倾向的人却不明白这一点，他们会若无其事地对他人提出能够造成心理负担的要求。这其中的症结就在于他们完全无法理解他人，对他们来说，所有的一切都只能围绕着“自己”而已。

能够理解他人，人才会觉得与人交往是件让自己心情舒畅的事情。如果没有理解他人的能力，人也就没办法和他人轻松地交往。这样的人会觉得与人交往非常沉重，实际上，他们会不断地给别人添麻烦，甚至连自己给他人添了麻烦这点也意识不到。

如果能够自立，在心理上不再依赖他人，那么和他人在一起的时候，也能像自己独处一样轻松。这是因为他人对自己来说不再有威胁，自然而然就会变成那样。

容易害羞的人也是一样。他们感觉不到他人对自己的好感，所以才感到羞愧。

我想，对于有些人来说，心理上的成长确实很艰难。这是因为要想得到心理上的成长，必须依靠他人对自己的爱，然而这些最需要他人爱的人，却很难感觉到他人对自己的好感。

反过来说，心理上得到成长的人，完全能够体会到他人的好感。因此，对有些人来说心理上的成长异常艰难，而对另一些人来说，不知不觉间就得到了心理上的成长。

你，是有价值的存在

我自己是经历了很多磨难的那种人。成长的过程中，我说给自己听的就是以下这些话：这个世界上有很多情绪成熟的人；这个世界上有很多愿意表示出对他人的好感，并因此而喜悦的人；这个世界上有很多很多优秀的人。

相对而言，很不幸，我自己还不算是优秀的人。我现在还是一个有依赖性的人，把他人当作一种威胁。然而，别人和我不一样，心理上成熟的人不会像我这么想。

对我来说，这就是关键。心理成熟的人和我有着不同的看法和感受。他们可以轻松惬意地和人相处。他们并不讨厌和其他人在一起，反而很享受和他人在一起的时光。

我是由以恩人自居的父亲养育长大的。我曾经以为，自己对于他人来说只是负担而已，自己是不被爱的存在，别人都不想和我在一起。我曾是这样看待自己的。

自己只是他人的负担而已，这是我从小就认定了的。要改变自己内心深处所认定的东西，并不像说起来那么容易。我自认是他人的负担，所以和他人在一起时，自己也不快乐。我很讨厌和人相处，那会让自己心情沉重。

即便在长大成人之后，我曾经也很难发自内心地与人交往。不过，我就用刚才所讲的那段话劝说了自己。

别人是期待与我交往的。关于与人交往这件事，别人的想法和我自己的并不一样。就算我自己觉得心情沉重，想要分手，可对方却并不会真的因为和我在一起而感到心情沉重。我就是这样劝说自己的。

对我来说，对方是一种威胁，所以害怕和对方在一起；可对方却不会因为和我在一起而感到害怕。对方是独立的，对事物的看法与自己完全不一样。我就这样拼了命地说服自己。

如果一直回避他人，那永远也没办法感受到他人的好感。我劝说自己不再回避他人，那之后自然而然地得到了感受他人好感的机会。

我这个人一到了国外，就变得比在国内的时候还想回避他人。这也是因为语言、文化及氛围上的差异。我从小就胡乱认定了自己对他人来说是一种负担，在国外这种感觉就愈加强烈了。

在国外，我经常在出门的时候，就已经明白自己的那种感觉是极端不合理的了。我也很清楚那种感觉是在还什么都不懂的小时候，自己胡乱认定的。然而尽管如此，那种感觉也无法像自己想象的那样很快改变。

我曾经在外国的大学选修课程，参加研讨会。那时候我总担心自己是不是研讨小组里的负担。小时候所认定的那种感受，让我再次认为自己对他人来说是个累赘。

某一次，研究伙伴对我说："多亏了有你，我们研讨小组才更加有魅力。"当时我真的震惊了。我甚至怀疑自己听错了。

他人会拓宽我的世界与视野，可我却不能拓宽他人的世界及视野，我曾毫无理由、毫无根据地这样认定。

我虽然参加了研讨会，可当别人说我的发言很有意思时，我仍然非常困惑。即使到了现在，我还清清楚楚地记得说我有贡献的那个人。那位朋友还送了我一卷磁带，说："这是作为你对咱们研讨小组的贡献的纪念。"那是他为我读的一本书。在那之后，也有过几次同样的经历。

对某个集体来说，自己并不是负担，而是做出了重要的贡献。这种话要是在更年轻的时候听到，我是绝对不会相信的。

学会坦然接受爱

小时候，我们常常会没有任何根据地认定一件事。从小孩子的角度看，可能确实是有着某种合理的证据的；但从成人的角度来看，那种所谓的证据就不够客观了。不过，就算是长大成人之后，明白了自己小时候胡乱认定的东西是错误的，也仍然会被那种胡乱认定了的想法支配。

解铃还须系铃人，既然认定如此的是自己，能够解放自己的也就只有自己。这是除自己以外的任何人都做不到的事。小的时候，你曾经认定自己是不被爱的存在，在长大成人之后，既然已经发现那是没有任何根据的想法，那么，就必须由自己来决定“自己是有生存价值的存在”了。幸运的是，别人或许可以帮助自己做出那样的决定。不过说到底，必须由当事人亲自做出决定。

我们长大成人之前，在成长的道路上会遇到许许多多的人。那当中肯定有人没有对我们示好，可多数人会向我们表示好感。尽管如此，我们却认定了自己是不被爱的存在，也无法感受到别人的好感。

认定自己是有生存价值的存在，认定自己能够成为被爱的存在，这并不取决于别人是否喜欢自己。就像我前面已经讲过的那样，迄今为止，别人是对我们有好感的，是我们没有感受力，没有因别人的好感而欣喜的能力。

要培养出这种能力，最重要的是自己先来认定自己是有价值的存在。就算自己不为对方做什么，对方和自己在一起也会觉得很快乐——要想培养出这样的想法，首先自己不能贬低自己。

你也不需要对别人的好感诚惶诚恐。之所以会这样，是因为你觉得自己不值得被别人喜欢。而且，**你的不安其实对对方也是很失敬的，有可能让对方收回对你的好感。**

你只要坦然、开心地接受他人的好感就好。**他们并不是因为你是什么特别的人才对你示好，也不是因为你获得了什么样的成功而对你青睐有加，而只是恰巧与你投缘，才会对你表示好感。**不明白这一点的人，会因为自己获得了某种成功，就去强求他人的好感；或者以为自己是特殊的，有资格接受他人的好感。

人会诚惶诚恐，是因为觉得自己不值得被他人喜爱。反过来，这些人会因为一点成功，就觉得自己理所当然地该被人喜爱。这种诚惶诚恐的人，也是特别容易骄傲自大的人。

承认自己的生存价值，这对人的心理成长是不可或缺的。

做自己的理解者和保护者

希望所有人都觉得自己好，这说明了你对爱的饥渴。不管和谁见面，立刻就在意对方到底是怎么看待自己的，你就是这么渴望爱与承认。

如果爱的欲求在小时候能得到满足的话，你大概就不会那么在意别人的看法了吧。你会觉得那些不肯接近自己的他人，对自己来说也没什么重要的。**就是因为对爱的饥渴，你才不管对方是谁，都无意识地寻求着爱与承认。**

爱的欲望被满足了的话，就不会认为“别人觉得自己很好”有那么重要。别人觉得自己很好的话，坦然接受它，说一声“谢谢”，如此而已。这对自己来说，再没有其他的价值了。爱情欲求得到满足的人，根本无法想象有人会为了别人的看法而伪装自己。

有些人会借酒消愁，用酒精来排解自己的各种不满，甚至患上酒精依赖症。因为“想让别人觉得自己很好”就伪装自己的人，也跟他们一样，是得了“想让别人觉得自己很好”依赖症。

患上酒精依赖症的人会滥用酒精，直到自己的身体被搞垮。他们离了酒精简直就活不下去。虽说是这样，但他们在喝酒的时候也没觉得有多幸福。对患上药物依赖症的人来说，也是如此。

我曾经在美国的大学里参加过有关药物的研讨班，研究各种依赖症。在为期一年的课程中，我印象最深刻的，就是依赖药物的人即使在嗑药的时候也会感觉不幸。而且，由于药物的损害，他们的身体变得破败不堪。

无论是酒精还是药物，对人都没有任何好处，坏处却太多太多。尽管如此，很多人还是会患上依赖症，这就是因为他们的饥渴、他们的不满。

不惜伪装自己也要让没什么瓜葛的人觉得自己很好，这样的人与依赖酒精、药物的人是一样的。他们就是如此地渴望爱情。这种行为同样没有什么好处，而为之牺牲的东西却太多。

和酒精依赖症患者一样，对那些渴求爱的人来说，最重要的也是意识到自己对爱的渴望。就像酒精依赖症患者会因为酒精搞得身体破烂不堪一样，“想让别人觉得自己很好”依赖症的患者也为了让别人觉得自己很好，而搞得自己的心灵破烂不堪。

那些生存的核心动机就在于“想给别人留下好印象”的人，首先要察觉到自己的心灵是渴求着爱的，并且已经被自己搞得破败不堪了。

因为太过渴求爱了，很多人反而无法自觉这种饥渴。哪怕能得到一点点满足，人就能够发现自己到底有多么饥渴；可就是因为太过于饥渴，反而连饥渴本身都察觉不到了。

那些以“想要让他人觉得自己很好”为生活核心的人，一旦发现了自己心中对爱的渴望，一定会愕然吧。他们一定会因为自己竟是如此地期盼爱，自己的心灵竟然已经如此干涸而惊讶不已吧。

到了那时，他们一定会承认因为自己的心灵太过干涸，所以才无法察觉到自己的渴望。他们也一定可以发现，就是因为小时候自己没有获得心灵成长所必需的爱，长大成人之后才会到处寻求爱与承认，甚至连和自己没什么瓜葛的人也不放过。

爱的欲求没有被满足，所以才会粗暴地对待自己的心灵。这就和酒精依赖症患者不珍惜自己的身体是一样的。

察觉到这些状况的人，请你努力地珍惜自己吧。所谓珍惜自己，是说要真心地对自己好，像一个温柔的母亲关爱孩子那样关爱自己。自己要成为自己的理解者，成为自己的保护者。绝对不要以批判的态度对待自己。

容易害羞的人，过于自负的人

菲利普·津巴多[①]曾说过，容易害羞的人是最过分的自我批评家。

人类心灵的成长是有顺序可言的。如果你先遇到了一位温柔的理解者，那么在以后的阶段里，即便出现批评者也无所谓。可是，如果没有温柔的理解者，而是先遇到了严厉的批评者，人的心理就会被破坏。容易害羞的人就属于这样的例子。

不仅仅是爱害羞的人，总是在意别人怎么看自己的人也是一样。他们在人生中的关键时期，没有得到真正的温柔关切。

因此，完全没必要连自己也来批评自己，应该对自己好一点，用可以促进成长的态度来对待自己。

---

① 菲利普·津巴多，美国著名心理学家，曾担任美国心理学会主席。1971年，津巴多进行了著名的斯坦福监狱实验；其后，开设了害羞诊所，针对害羞做了大量研究。

话虽如此，人类的心理成长真的是一件很难的事。被温情关切的母亲养育长大的人，即使长大后没人管自己，自己也会对自己好。像我刚刚举的害羞的人的例子那样，被不能理解孩子内心的母亲养育长大的人，会倾向于用批判的态度来对待自己。

虚张声势的人也是一样。他们在内心深处对自己持批判态度，所以在面对他人时才会虚张声势。即便真实的自己被他人批判，可如果自己下定决心宽待自己，并付诸实践的话，那么基本上也就不需要再虚张声势了。

你之所以不能自然而然地行事，是因为你有“必须得做点什么”这种心理上的需要。

看起来非常自负的人其实也是一样。自负的人，在内心深处恐惧着什么。因为这种恐惧，他们不会去挑战新事物，也无法拓宽自己的世界。他们龟缩在自己狭小的世界里，得意扬扬。其实，自负的人是胆小的，同时也是卑劣的。**自负的人其实就是以自我为中心的人。**

所谓以自我为中心的人，就是胆小、卑劣、支配型的人。**有能力对自己好的人不会变得胆小怯懦，即使出现了什么失败，也不会去责怪自己。**

爱的欲望没有得到满足、对自己持批评态度的人，总是害怕失败。他们会批评自己的失败，很难活得有挑战性，无论如何都会变得胆小怕事。

爱的欲望没有得到满足的人，真的必须下决心做自己最好的理解者，必须真心地对自己好。

不是出自真心的话，就没有任何效果，就会变成自负或是虚张声势。不是出自真心的话，就仍会在意别人的评价，不知不觉间就变得虚张声势起来了。

日常生活中要对自己好，日常生活中要好好照顾自己，日常生活中要允许自己撒娇，日常生活中要好好关切自己。这些一定要牢牢记住，不能忘掉。

与人交往感到疲惫的时候，不要勉强自己强作欢颜、故作优秀。累了的时候，就对自己说“累了啊，一个人休息会儿吧”，或是“累了吧，什么也别想，轻轻松松地和他们在一起吧”。要是有能让疲惫的自己感觉舒服的衣服，就容许自己穿上吧，没有必要穿上别人喜欢的衣服。

不管多在意他人的目光，他人都没法对你的人生负责。不管你多勤奋地努力满足他人的期待，他人都不能填满你内心的空虚。最终能为你的人生负责的人，只有你自己。

好好爱自己

从小就未被满足的爱的欲求，在你成年之后仍会留存心底。所以，你一直很在意他人的目光。

你害怕无法回应他人的期待，拼了命地努力。这就是你的爱的欲求未被满足的最好证明。那些爱的欲求已经得到满足的人有时也会为了回应他人的期待而努力，可他们却不会害怕辜负他人的期待。说到底，**那体现的是他们自己对他人的爱。**

不被爱的人才会害怕。

人类的心灵真的很不可思议。小时候被爱的人，长大以后也会爱自己。小时候没有被爱过的人，即便长大了，也不会爱自己。

也许人类的意志力正是这样被推动的吧。我自己小的时候，身边都是些以自我为中心的人，我没有被爱过。我下定决心要自己爱自己给他们看。

这种决心是我开始填补内心空虚的起点。不，应该说我在那一刻就已经飞奔起来了。能够做出这个决定，说明我已经发现自己对爱的渴求是多么惊人了。所以说，“发现”才是起点。

我刚刚说过，不被爱的人才会害怕。进一步说，**人会害怕是因为没有充分地被爱过。**要是你已经下定决心爱自己，内心深处却还有些担心的话，那就说明你的决心和执行力还不够彻底。

内心深处还对生存本身感到恐惧，内心深处还害怕别人会觉得自己不好，内心深处还觉得人生不那么美好，这样的人对自己的怜爱就还不够充分。

“Take care of yourself.”善待你自己。这句话对小时候没被爱过，长大后爱的欲求也没有被满足的人，是非常重要的。

当你能够爱惜自己、善待自己时，就能够发现身边哪些人对自己是温柔体贴的，也能够遇到愿意关爱自己的人。**情绪成熟的人，会默默允许别人做出关爱自己的举动。**

对爱欲求不满，在心底对自己持批判态度，同时又虚张声势、狂妄自大，这样的话是永远都不可能遇到善良的人的。

明明在内心深处对自己是持批判态度的，不，应该说恰恰是因为持批判态度，所以才在表面上虚张声势。要说那些人在内心深处是怎么看待自己的，那就是——自己是个无聊透顶的人。然而他们在他人和自己的面前，却要以一个完全不同的面貌出现。

内心深处真实感受到的自己，与在别人面前伪装出的自己完全不同。这样的人，没办法真正与人亲密起来。他们与他人的交往，最终会牺牲真实的自己，与此同时，也牺牲了他人。这样的人聚在一起时，不管多大声地欢笑，到最后，彼此都会带着不快的情绪结束交流。

因为那是“伪装的自己”与“伪装的自己”间的交往，并非“真实感受到的自己”与“真实感受到的自己”间的交往。不管再怎么交流，也没法满足自己对爱的欲望。

“伪装的自己”与“伪装的自己”间的交流，起初从表面看都很顺利。然而由于彼此都将“真实感受到的自己”隐藏起来了，不管交往多久都没办法深入，最后基本上都会以互相伤害告终。